ウイルスは生きている

中屋敷 均

講談社現代新書

2359

まえがき

今でもはっきり覚えている。病室に入ると妻がベッドの上で寝ており、妻のお腹にはドップラーという機器が取り付けられていた。その機器から、少し雑音の混じったテンポの早過ぎるカエルの鳴き声のような、無理に文字にするなら「グェグェ」とも「ゴキュゴキュ」とも「ドクドク」とも書けるような、早いリズムの不思議な音が聞こえていた。それが、初めて我が子の「鼓動」を聞いた瞬間だった。

この小さな鼓動が、これから数十年、あるいは百年、ずっと続いていく。ここにある生命が、この音が、途切れず、ずっと続いていく。今は奇跡のようにしか思えない、そのことが、これからきっと起こっていく。そのとてつもない不思議さと喜びを、薄暗い夜中の病室の、固いベンチ椅子で噛みしめていた。

妻のお腹の中で育ってきたその生命は、胎盤という組織に守られて十ヵ月ほどの時を過ごしてきた。母体の子宮とは不思議な場所である。なぜならそこは、妻と違った「別の生命」が生きている場所だからだ。通常、我々の体は、異物、特に病原体から自分を守るために高度に発達した免疫システムの監視下にあり、体内にある「非自己」はその激しい攻撃の対象となり排除される。この非自己排除の生体システムは、言うまでもなく婚姻関係といった人間様の都合とは無関係であり、例えば、私の血液（B型）を妻（O型）に輸血すれば、私の赤血球はすぐさま激しい攻撃に晒される。とても、輸血など出来ない。しかし、半分は私の遺伝子を持っているお腹の中の子供は、たとえ血液型がB型であっても、攻撃対象とはならず、母親の血液を介して酸素や栄養分を受け取り、すくすくと育っていく。そんな不思議なことを可能にしているのが、胎盤という組織なのである。この胎盤の不思議さの肝となるのが、胎盤の絨毛（じゅうもう）を取り囲むように存在する「合胞体性栄養膜」という特殊な膜構造である。この膜は胎児に必要な酸素や栄養素を通過させるが、非自己を攻撃するリンパ球等は通さず、子宮の中の胎児を母親の免疫システムによる攻撃から守る役目を果たしている。

今から15年ほど前、2000年の『ネイチャー』誌に驚くべき論文が掲載された。それは、この「合胞体性栄養膜」の形成に非常に重要な役割を果たすシンシチンというタンパク質が、ヒトのゲノムに潜むウイルスが持つ遺伝子に由来すると発表されたのだ。その後、マウスやウシといった他の哺乳動物でも、多少の違いはあるものの同様のことが相次いで報告された。胎児を母体の中で育てるという戦略は、哺乳動物の繁栄を導いた進化上の鍵となる重要な変化であったが、それに深く関与するタンパク質が、何とウイルスに由来するものだったというのだ。

このことは二つの大きな疑問を我々に突きつける。一つは、我々ヒトとは一体、何者なのか？　という深刻な問いだ。その昔、シンシチンを提供したウイルスと我々の祖先はまったく別の存在で、無関係に暮らしていたはずである。しかし、ある時、そのウイルスは我々の祖先に感染した。そしてシンシチンを提供するようになり、今も我々の体の中にいる。そのウイルスがいなければ胎盤は機能せず、ヒトもサルも他の哺乳動物も現在のような形では存在できなかったはずである。つまり我々の体の中にウイルスがいるから、我々は哺乳動物の「ヒト」として存在している。逆に言えば、ウイルスがいなければ、我々はヒトになっていない。少なくとも今とまったく同じヒト科ヒトではなかったであろう。我々は親から子へと遺伝子を受け継ぐだけでなく、感染したウイルスからも遺伝子を受け継いでいるのだ。もう一度言おう。我々はすでにウイルスと一体化しており、ウイルスがいなければ、我々はヒトではない。それでは我々ヒトとは、一体、何者か？　動物とウイルスの合いの子、キメラということなのだろうか？

もう一つの疑問は、果たしてウイルスとは何者か？　ということである。我々ヒトを含む生物の進化に大きな役割を果たしたウイルスは「ただの物質」なのだろうか？　それともやはりある種の「生命体」と見なすべきなのか？　19世紀末にタバコやウシに病気を起こす〝濾過性病原体〟として初めて人類に認識されたウイルスは、当時恐らく「生物」の一種だと思われていただろう。しかし、その「生物」は純化するとタンパク質や鉱物のように結晶化する存在だということが、その約40年後に明らかになる。「結晶化する生命」というのは、当時の常識にはなかったし、感覚的にもなじまない。そしてその後、議論に紆余曲折はあるものの、生物学者の多くは、ウイルスを生物とは見なさない、という結論へと傾いていくことになる。

そのウイルスの結晶化実験からすでに80年の時が過ぎたが、その「結論」に変化の兆しが現れ始めたのは、21世紀になってからのことである。近年、急速に発展したゲノム科学の成果は、驚くような新しい発見を次々ともたらしたが、それらの発見の中でウイルスに注がれる科学者の眼差しも実は少しずつ変わりつつある。

「ウイルスは生きている」……と僕は思う。

この本で書かれていることは、そういったウイルスを取り巻く、変わりつつある状況の説明とその中にある筆者のこの思いである。どんなに耳を澄ましても、どんな機器を取り付けようと、ウイルスからは「ドクドク」と響く心臓の鼓動は聞こえない。しかし、本書でこれから述べていくような「生命の鼓動」を奏でている存在である。そして、この地球上に存在する、時に対立し、時に助け合い、変化し、合体する様々な生命体からなる「生命の輪」の一員である、と筆者は思っている。

「ウイルスは生きている」

恐らく異論はあろうかと思うが、なぜ、筆者がそう考えるのか。その思いが、本書を読み終える時に、読者の皆様に伝わっていることを願っている。

目次

序章

「モンスター」の憂い

一九一八年の「モンスター」

地球の自転軸、すなわち地軸は、太陽の周りをまわる公転面の法線に対して約23・43度傾いている。このため北緯66度33分以北では真冬に太陽が昇らず、真夏に太陽が沈まない極夜(きょくや)や白夜と呼ばれる現象が見られる。この北緯66度33分を境として、より高緯度が北極圏と呼ばれる領域である。そこでは大地の多くが氷に覆われ、年間を通じて土中の温度が0℃を越えないため、融けることのない永久凍土と呼ばれる地層が広がっている。[*1]

その北極圏からわずかに外れた北緯65度20分に位置するブレビック・ミッションは、イヌイットを中心とした100世帯ほどの人々が暮らす小さな寒村である。ベーリング海峡を望むアラスカのスワード半島に位置し、海辺に張り付くように住居地が形成されているその村は、土地の多くが永久凍土に覆われる極寒の地である。年間平均気温がマイナス5℃以下、真夏でも平均気温が10℃に満たないこの地では、生育できる植物種も限られ、全体的に色彩に乏しいツンドラ平原となっており、その中にポツンと村がある。その荒涼としたツンドラ大地の一角に、ベーリング海を見下ろすかのようにたくさんの白い十字架が立っている。

1918年11月、郵便と共に運ばれてきたその「モンスター」は、当時ブレビック・ミッションに暮らしていた150名ほどの住人のうち72名もの命をわずか5日間で奪い去った。その白い十字架の下の永久凍土には、その時、犠牲となった人たちが、今も眠っている。

そのブレビック・ミッションの惨劇を遡ること4年、1914年6月に当時オーストリア領であったサラエボで、オーストリア＝ハンガリー帝国の皇位継承者フランツ・フェルディナント大公夫妻が暗殺されるという衝撃的な事件が起こった。それをきっかけに始まった第一次世界大戦は、1918年11月パリ郊外コンピエーニュの森で、ドイツと連合軍との休戦協定が調印されることで終結するが、それは人類が初めて体験した世界大戦であり、その4年間で犠牲となった死者の数は、戦闘員が約850万人、非戦闘員が約650万人にも上る未曾有のものだった。その犠牲者の数はそれより過去百年の間に起きた数々の戦争での死者総数を大幅に上回っていたという。

その世界大戦と期を同じくして、人類はもう一つの未曾有の脅威と対峙していた。それが1918年から1919年にかけて世界的に流行した「スペイン風邪」である（図1）。この病気が世界的に蔓延（まんえん）し始めた1918年はまだ第一次世界大戦の最中であり、自軍に不利な情報は厳しい報道統制下にあった。従って、自国に深刻な病気が蔓延しているというような状況は秘匿され報道されることはなかったが、第一次世界大戦に参戦していなか

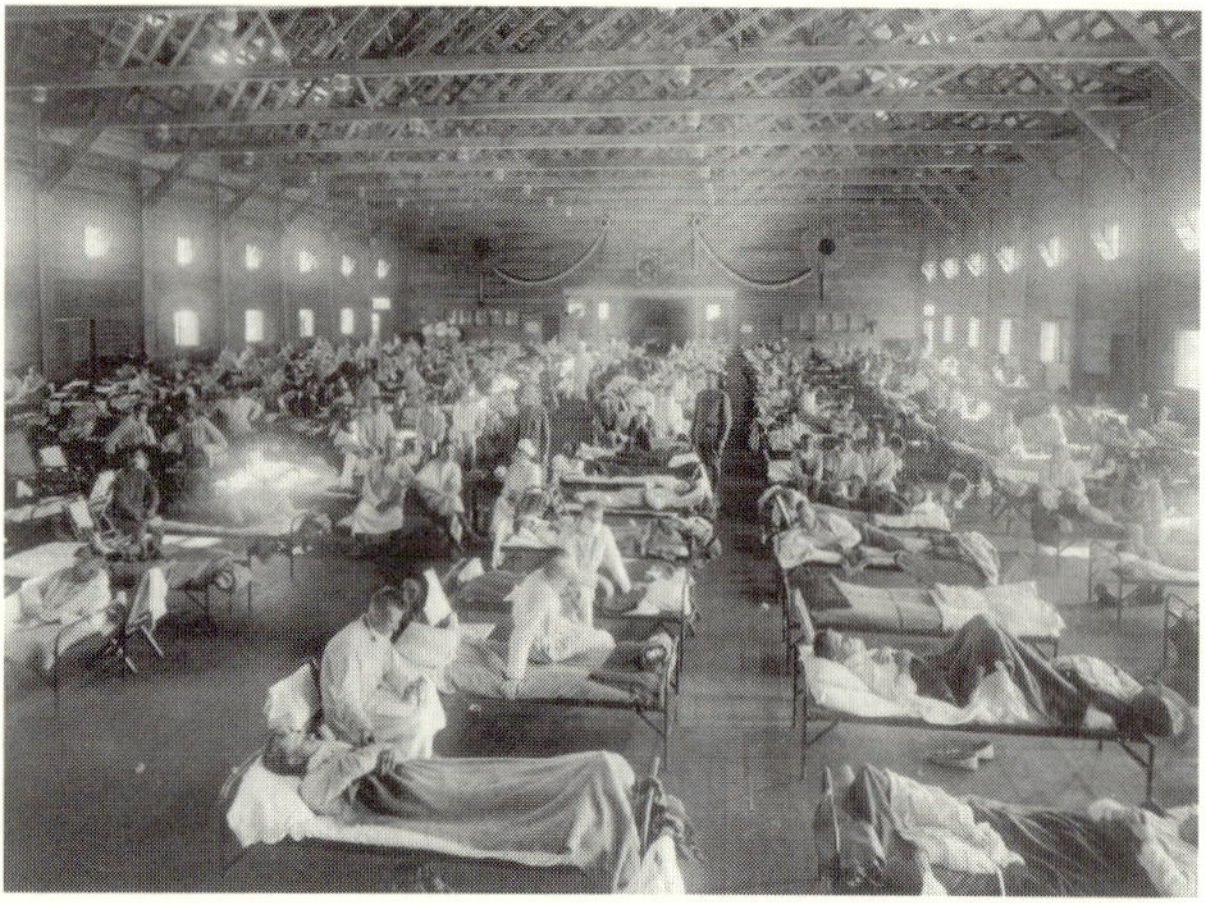

図1　1918年にアメリカ陸軍キャンプ・ファンストンを襲ったスペイン風邪

ったスペインでは、これが大きく報じられ、世の人の知る所となった。このため世界的に「スペイン風邪」の名で呼ばれるようになったのだが、実際にはこの病気は1918年の初めにアメリカでその初期と思われる症例が報告されており、決してスペインから発生した感染症という訳ではない。

この「スペイン風邪」は、人類が経験したパンデミック（感染症の世界流行）の中でも史上最悪のものであり、当時の世界人口18億人のうち、約3割の6億人が感染し、控えめな推定でも約2000万人、多いものでは約5000万人もの人がこの病により命を落としたと言われている。また、これらの数字には中国やアフリカ等における感染死亡統計が正確に含まれていないことから、実際の犠牲者数は1億人に達していたのではないか、といった推定も出されている。これら推定値の妥当性については諸説あるが、「スペイン風邪」の犠牲者が第一次世界大戦における死亡者数を上回っていたことは疑いがなく、それまでの人類史上、最悪の災禍であった。また、もしその上振れした推定値が正しいとするならば、第二次世界大戦を含めても、今なお一つの事象でこの「スペイン風邪」を上回る死者を出した災禍を人類は経験していないことになる。

アルフレッド・W・クロスビーによる『史上最悪のインフルエンザ——忘れられたパンデミック』には、この「スペイン風邪」という「モンスター」に蹂躙されたフィラデルフィアの様子が生々しく描かれている。

フィラデルフィア市民にとってなくてはならない公共サービスの中でも、ほとんど破局的な混乱に陥ったのは、遺体に埋葬のための処置を施し、死者を地に還す仕事だった。（中略）十三番街とウッド街が交わる辺りにあった市で唯一の身元不明死体公示所は、ぞっとするような光景だった。通常の遺体収容能力は36体だったが、いまや数百体がそこに置かれていた。遺体は建物にあるほとんどすべての部屋、そして通路の奥まで3〜4段に積み上げられ、薄汚れた、しばしば血に染まったシーツに覆われていた。

中世の黒死病（ペスト）によるパンデミック等でも同様の記録が残されているが、身元不明の死者が街頭に転がるような状況になると、感染のリスクを避けるために、多くの人が家から一歩も出られず、閉じこもるしかなくなる。こういった状況下では、医師や看護師といった医療関係者が最も感染のリスクが高く、実際に医療従事者が病に倒れることになれば地域の医療体制も崩壊する。そうなるともう完全にお手上げ状態である。死の恐怖に怯え（おび）ながら、嵐が過ぎ去るのをひたすら待つしかない。

この凄まじい恐怖をもたらした「スペイン風邪」の病原体とは、言うまでもなく、インフルエンザウイルスである。インフルエンザは風邪症候群と呼ばれる感染症の一つであり、軽い感染であれば、発熱、悪寒、鼻水、咳などの症状で、他のウイルスが原因となる普通の風邪と見分けがつかないことも多い。ただ、インフルエンザでは関節痛、筋肉痛等を伴った高熱が見られ、時に重篤化するのが特徴であり、重度の感染になると気管支炎や肺炎を併発する例も多く、現在でも日本国内で毎年数百人から数千人の方々が、このウイルスの感染により亡くなっている。

しかし、この１９１８年から１９１９年にかけて世界を恐怖に陥れた「スペイン風邪」は、通常のインフルエンザとは何かが違っていた。一般的にインフルエンザは乳幼児やお

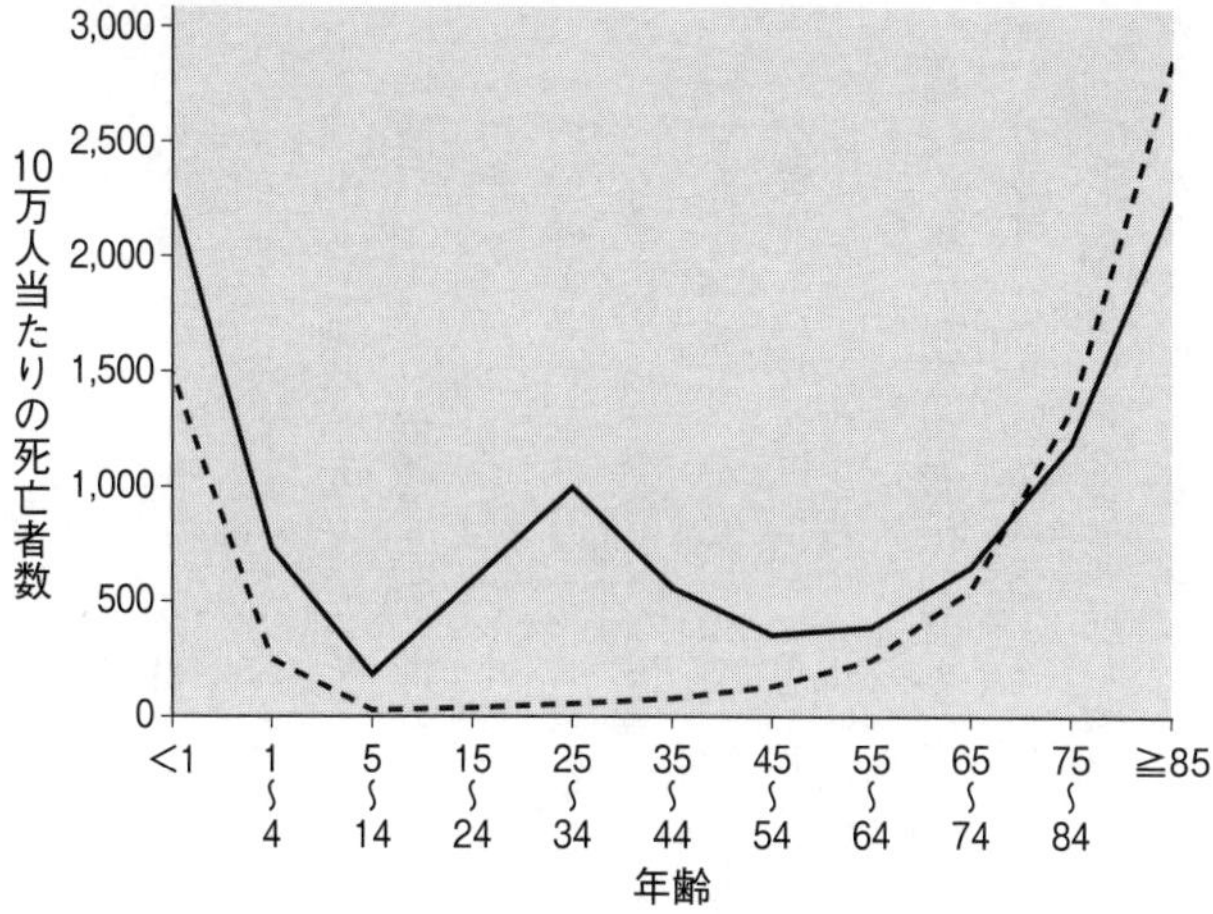

図2　スペイン風邪による年代別の死亡者率
Taubenberger & Morens (2006) より引用
実線は1918年、点線は1911-1917年のインフルエンザ感染

年寄りが多く感染し、年代別の死亡率をグラフに描くと両端で割合が高くなるためU型の図となる。しかし「スペイン風邪」では、見るからに健康そうな20代から30代の青壮年者が次々と感染して犠牲者となったため、グラフはW型となった（図2）。数時間前まで元気でピンピンしていた健常者が、突然発熱して全身に痛みを訴え、口や鼻から血を流すようになり、次の日には亡くなっているといったことも起こっていた。ジョン・バリーの『グレート・インフルエンザ』（平澤正夫訳）では、「スペイン風邪」に感染した患者の様子が以下のように描かれている。

それにしても一九一八年の半ば、死はいままで見たこともない形で現れた。(中略)多くの者に見られる出血は傷からのものだが、少なくとも砲弾や爆発で傷ついたものではなかった。そのほとんどは鼻血で、中には咳き込んで血を吐く水兵もいた。耳から血を流している者もいた。ものすごい咳き込みようだったので、死後、検死解剖してみたら、腹筋があばらの軟骨から離れてしまっている者さえ見られた。その多くが苦悶あるいはうわごとでも言うように七転八倒し、意思疎通のできる者のほとんど全員が、目のうしろの頭蓋骨に楔(くさび)を打ち込まれたかのような頭痛と、骨が砕けるかと思うほど激烈な体の痛みを訴えた。少数ながら嘔吐する者もいた。死のまぎわに、皮膚の色が変わる水兵がいた。(中略)その色が濃すぎて、白人なのか黒人なのかちょっと見分けがつかないような者さえいた。黒色といってもおかしくなかった。

このような強烈な症状を引き起こす「スペイン風邪」の原因は、本当にただのインフルエンザウイルスだったのだろうか? それとも何か通常とは違うウイルスだったのか? 「スペイン風邪」の発生当時はウイルスを取り扱う技術が充分には発達しておらず、それがウイルスによって起こったのか、細菌[*2]によって起こったのかすら、はっきりしていなかった。従って、その問いに対する正確な答えは、長い間、謎のまま残されていたが、その発生から約80年後、ついにその「モンスター」の正体が明らかにされることになる。その発見の鍵となった舞台が、アラスカ辺境にあるあの寒村、ブレビック・ミッションである。

七十二歳の情熱

アイオワ州立大学で免疫学を学んでいたストックホルム生まれのヨハン・フルティンは、博士論文で「スペイン風邪」を起こしたインフルエンザウイルスを同定し、それに対するワクチンを作るという、壮大なテーマに取り組んでいた。彼のアイディアは「スペイン風邪」で亡くなった人の亡骸(なきがら)からウイルスを分離して、それを利用してワクチンを作成するというものであったが、目をつけたのがアラスカの永久凍土に埋葬されている犠牲者であった。永久凍土が天然の冷凍庫のようにウイルスを保存している可能性があると考えたのだ。1951年、アイオワ州立大学の研究チームの一員として彼は初めてブレビック・ミッションを訪れた。村の議会を通して村人たちの了解を得て、彼は1918年のパンデミックで亡くなった犠牲者の墓を掘り起こし、遺体から良好なサンプルを採取することに成功した。しかし残念なことに、いくら探してもそこには感染性を持った「生きた」ウイルスは見つからなかった。１９５１年当時の技術では感染性のあるウイルスが得られなければ、それ以上、研究を進展させることは難しく、彼の博士論文研究もそこでとん挫した。そして失意の中、彼は研究を離れ、その後、医師として暮らしていくことになる。

それから46年後の１９９７年、勤めていたサンフランシスコの病院をすでに退職していたフルティンは、『サイエンス』誌に掲載された米国陸軍病理学研究所のジェフリー・トーベンバーガーの論文を目にする。トーベンバーガーは、わずかな材料から遺伝子を増幅させるＰＣＲ法[*3]という技術を用いて「スペイン風邪」の原因となったインフルエンザウイルスの遺伝子解析を行っていた。しかし、彼らは樹脂包埋されたサンプルを用いていたため、ウイルスの保存状態が悪くサンプル量も少量で、断片的な遺伝子情報しか得られていなかった。その論文を読んだフルティンは、46年前の自分の体験が役に立つのではないかと思い、すぐにトーベンバーガーに手紙を書いた。そこには過去に失敗した課題にもう一度挑戦したいこと、採取は自費でやるつもりであること、検体が採取できたら米軍病理学研究所に寄贈すること等が述べられていた。

トーベンバーガーから大変興味があるとの返事を受け取ると、１週間後にはフルティンはアラスカに旅立っていた。１９９７年８月、二度目のブレビック・ミッションへの訪問であった。初めて訪れた１９５１年当時26歳だったフルティンは、すでに72歳になっていた。46年前と同じように村議会の許可を得た後、村人たちの力を借りて掘削作業を開始した。4日間の掘削作業の後、彼はついに状態の良い30歳前後のルーシーと名付けられた女性の遺体を発見する。その肺から得られた検体を、複数の日に分けてＵＰＳとフェデックスと郵便とでトーベンバーガーに送ったという。郵送中の事故などで、万が一にもサンプルが失われないようにするためだった。その後、フルティンは遺体や墓を元通りに戻し、世話になったブレビック・ミッションの人々に謝礼を払い、厚くお礼を言うとともに、新しい二つの十字架を作ってその共同墓地に立てた。

すでに退職して研究から離れていた72歳のフルティンが、少額とは言えない私財を投じてアラスカ辺境の村まで飛び、墓掘りをする。8月とはいえ、北極圏のような地でカチコチに凍った永久凍土を融かしながら掘削する作業は、高齢のフルティンには大変な苦労があったろう。彼はその作業の期間、夜はブレビック・ミッションの学校の床にエアマットを敷いて寝ていたという。この止まないフルティンの情熱が、永久凍土の中に１９１８年から80年間もずっと眠っていた「スペイン風邪」の原因ウイルスを呼び覚まし、その真の姿に光を当てることになった。

トーベンバーガーの元に届けられたルーシーの肺組織検体の状態は素晴らしく、約３週間後、その検体から１９１８年のインフルエンザウイルスに由来する遺伝子情報が得られたことがフルティンに電話で伝えられた。そしてトーベンバーガーらは、その後、1918年のパンデミックを引き起こしたインフルエンザウイルスの持っていた遺伝子情報の全容を解明していくことになる。

1998年9月、フルティンは三度(みたび)ブレビック・ミッションを訪れている。彼は用意した二枚の真鍮(しんちゅう)製の銘板を、以前の訪問時に彼が作っていた十字架に張り付けた。一枚の銘板にはそこに埋葬されている72名全員の名前が、そしてもう一枚の銘板には以下のような文言が書かれていた。

> 下記七十二名のイヌピアト族がこの共同墓地に埋葬されている。この村人たちをあがめ、記憶することを乞う。
> 彼らは、一九一八年十一月十五～二十日のわずか五日間に、インフルエンザ大流行によって生命を落とした。

(『四千万人を殺したインフルエンザ―スペイン風邪の正体を追って』ピート・デイヴィス著(高橋健次訳)より引用)

その通常より大きな十字架は、ブレビック・ミッションの南側の町はずれにある共同墓地に、今もベーリング海峡を見下ろすように立っている。

モンスターの正体とオーストラリアのウサギ

ブレビック・ミッションで得られたウイルスの遺伝子解析から明らかとなったのは、これがH1N1型というA型インフルエンザウイルスに分類されるということだった。現在知られているヒトに感染するA型インフルエンザには、H1N1型、H2N2型、H3N2型やH5N1型などがあるが、興味深いことに、その後の多くの遺伝子解析からヒトに感染するH1N1型のウイルスはすべて1918年のウイルスに由来することが示唆されている。これは何を意味するのだろうか？　もし、「スペイン風邪」の発生前にH1N1型のインフルエンザがヒトの病原ウイルスとして存在していたのなら、その子孫ウイルス（1918年ウイルス型とは由来が違うH1N1型）が、たとえ少数であっても現在どこかで見つかっても良いはずである。それが見つからないとすれば、H1N1型のインフルエンザウイルスは「スペイン風邪」の発生の際に、初めてヒトに感染したという仮定も不自然ではない。

実際、トーベンバーガーらはブレビック・ミッションで得られたウイルスの遺伝子解析から、この1918年の「スペイン風邪」が、鳥インフルエンザウイルスに由来するものであったと結論づけた。H1N1型のインフルエンザウイルスは鳥に感染するインフルエンザウイルスに多く、そこからヒトに感染するようにウイルスが変異して生じたと考えたのだ。もしそうなら「スペイン風邪」が発生した当時の人々にとって、このH1N1型のウイルスは今までにない「新しい敵」であった可能性がある。近年、東京大学の河岡義裕らの研究により、「スペイン風邪」が異常に高い死亡率を示したのは、原因ウイルスが極度に強い自然免疫を誘起する性質を持っていたことが理由であると明らかにされたが、あれほど広く大流行したのは、それがその当時人類にとっての「新しい敵」であったことも一因であったろう。

このようにウイルスが変異して新しい宿主への病原性を獲得することは、ホストジャンプと呼ばれている現象で、自然界で決して珍しいことではない。特に人類は生物進化の歴史でほぼ最後尾に登場しており、ヒトに感染するウイルスというのはその多くが他の動物からのホストジャンプによって病原体となったと考えられている。このホストジャンプは時に深刻な新興感染症を引き起こすが、最近、注目を集めた例を挙げれば、エボラ出血熱がある。その病原体であるエボラウイルスは、もともと自然界でコウモリを宿主としていたとされている。このエボラウイルスはヒトに感染した場合には、致死率が50～80％にも上るという恐怖の殺人ウイルスであるが、興味深い事に、天然の宿主であるコウモリの中では、特に目立った病気を起こさない。不思議な話である。

これを考える上で非常に示唆に富む有名な事例がある。それは１９５０年代にオーストラリアで行われたウイルスによるウサギ駆除作戦の顛末(てんまつ)である。元来オーストラリアにはウサギは生息していなかったが、１８５９年に英国人トーマス・オースティンが狩猟の対象とするために24羽のウサギをイギリスより持ち込み、オーストラリア南東のビクトリア州で野外に放した。ウサギは繁殖力が強く、オーストラリアの生態系に有力な天敵が少なかったことなどの好条件も重なり、外来の侵入動物として爆発的に増殖し、１９２０年にはオーストラリア全土の70％もの領域に広がることになる。その数は、たったの24羽が最大、数十億羽にもなったと推定されている。その結果、野生化したウサギたちはあらゆる場所でそこに生えている草を食い尽くし、場所によってはオーストラリアの豊かな農業地帯が土むき出しの荒れ地と化し、生態系のみならずオーストラリアの重要な産業である牧羊や農業にも深刻な打撃を与えるようになった（図3）。

そこで考えられたのが、ウサギをミクロの天敵、すなわちウサギ粘液腫ウイルスによって駆除するという方法だった。このウイルスは研究室ではウサギの致死率が99・8％にも

図３　オーストラリアにおけるウサギの繁殖

上るという強毒性のものであり、１９５０年にこれを用いたウサギ駆除作戦が大々的に実施された。この試みは劇的な成果を挙げ、１９５０年当時のオーストラリアにおけるウサギの個体数は６億羽程度であったと推定されたが、その90％がこのウイルスにより駆除されたと言われている。毎年、ウサギの食害に悩まされていた農家は大いに喜んだという。

しかし、その成果も束の間、異変はすぐに起きた。ウイルスによるウサギの致死率が、徐々に低下し始めたのだ。当初、実験室では99・8％、野外においても90％以上の致死率を誇っていたウサギ粘液腫ウイルスが、２年後には致死率80％程度、そして６年後には20％程度へと急激にその効果を低下させていった。ウイルス感染によって集団の90％を越える個体が死ぬような状況で生き残るウサギというのは、運良く感染を免れたウサギか、何らかの理由で遺伝的にウサギ粘液腫ウイルスに強かったものになる。この致死性の高いウイルス感染という強烈な選択圧により、耐性・抵抗性を持ったウサギが生き残り、急激に個体数を増加させてきたのだ。これは充分に予測できたことでもあった。

しかし、本当に興味深かったのは、このウサギの変化とシンクロするかのように起こった、ウイルス側の変化だった。この6年後のウイルスを、ウイルス感染を経験していない実験室系統のウサギに接種してみると、1950年に用いられたウイルスの致死率99・8％を大きく下回り、なんと致死率50％前後に低下していたことが明らかになった。この場合、実験に使われたウサギの遺伝的な性質は以前とまったく同じであり、ウサギが強くなったのではなく、ウイルスの毒性それ自体が低下したことを意味している。

これはどういうことだろうか？　2012年に、この時に起こったウイルスの変化が遺伝子レベルで詳細に調べられたが、その結果分かったことは、この時、ウサギ粘液腫ウイルスは通常ではあり得ないほどのスピードで遺伝子の変化を起こしていたということだった。その変化は複数の遺伝子で起こり、完全に遺伝子の機能を失わせるような変異も生じていた。その急速な遺伝子変異の結果、ウイルスの病原性が低下していたのだ。さらに興

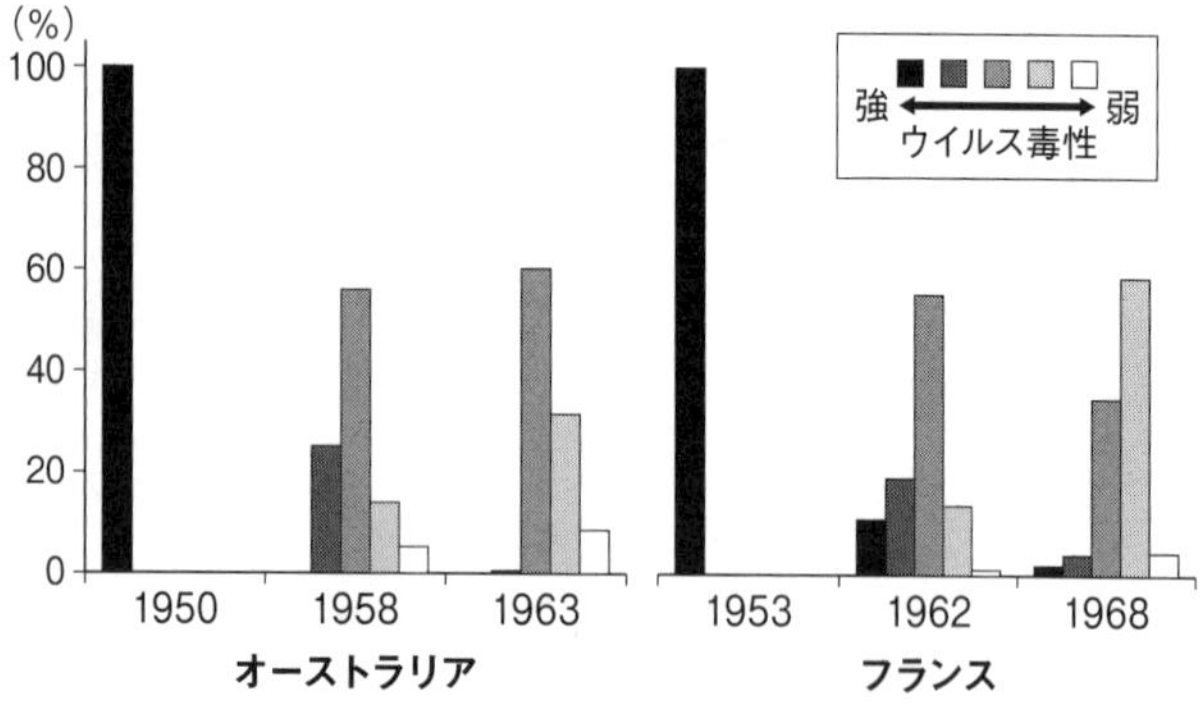

図4　オーストラリアとフランスにおけるウサギ粘液腫ウイルスの経時的な毒性の変化　データはRoss (1982) より引用

味深いことには、ウサギ粘液腫ウイルスによるウサギの駆除は、オーストラリアに少し遅れてイギリスやフランスでも行われ、そこでも急激なウイルス毒性の低下が見られたが、イギリスではオーストラリアにおけるウイルスの遺伝子変異とは、異なった部位で変異が起きていた。つまり野外でのウサギ駆除にウイルスを用いたことで、特定の遺伝子の変異が誘発されたというようなことではなく、あたかも「ウイルス毒性の低下」自体が必要であったかのようにウイルスの変異が起きていたのだ（図4）。

そして、人類を恐怖のどん底に突き落としたあの「スペイン風邪」の毒性も、実はパンデミックの発生から数年で大きく低下したことが報告されている。現在ヒトに感染するH1N1型のインフルエンザは、前述したように当時の子孫ウイルスであるが、今はその型のインフルエンザが流行することがあっても、スペイン風邪のような惨劇は起こらない。もちろん免疫によるヒトの耐性が増加したという側面があることは否定できないが、ウイルスそれ自体の致死性も大幅に低下している。似たような現象が、ウサギ粘液腫ウイルスでも、インフルエンザウイルスでも、恐らくコウモリにおけるエボラウイルスでも、起きている。一体、何のために？

その謎の答えは、ウイルスという病原体の性質にあると考えられている。ウイルスは生きた宿主の細胞の中でしか増殖できないため、宿主がいなくなれば、自分も存在できなくなる。理屈の上ではウイルスにとって宿主を殺してしまうメリットは極めて乏しく、積極的に宿主を殺すような「モンスター」は、いずれ自分の首を絞めることになるのだ。ホストジャンプを起こしたウイルスが、その初期に新しい宿主を殺してしまうのは、その宿主上でどのように振る舞ったら良いのか分からない「憂えるモンスター」が自らの力を制御できず、暴れているに過ぎないという見方も出来ない訳ではない。

もちろんそのようなウイルスを擬人化した見方は科学的には適切でなく、実際は弱毒化により感染した宿主が行動する時間が長くなれば、新たな感染の機会がより増える、というウイルス側の適応進化が起こったと解釈されるべき現象だろう。また、ウイルスの毒性が低下するということが、長い目で見た場合には一般的であったとしても、短期的には強毒型へとウイルスが変異する例も多く知られており、それを理由にウイルスの脅威を軽く見ることも適切なことではない。

ただ、我々が「ウイルス」と聞いた時に頭に浮かぶ、「災厄を招くもの」というイメージは、決してウイルスのすべてを表現したものではない。生命の歴史の中で、様々な宿主とのやり取りを続けてきたウイルスたちは、「災厄を招くもの」という表現からはかけ離れた働きをしているものが実は少なくない。まえがきに書いたような、すでに宿主と「一体化」しているウイルスの何と多いことか。我々はそのことを日頃、意識していない。

本書は、ウイルスとは何か、どのように発見されたのかという「ウイルス学」の基礎的な話に始まり、「災厄を招く」ばかりではない「コミュニティーに暮らす」ウイルスたちの意外な側面を中心的に紹介したいと思っている。ウイルスは生命のようであり、またそうでないようでもあり、「生命とは何か」を考える上で実に興味深い存在である。そういったウイルスという存在から見上げてみれば、普段の生活で私たちが感じている「生命」のイメージもまた少し違って見えるかも知れない。そんなことを期待している。

注釈

＊1　**法線**　曲線に対する接線に、接点において垂直に交わる直線のこと。

＊2　**細菌（バクテリア）**　その多くが、単細胞で核膜を持たないことを特徴とする微生物の一群。核膜を持つ真核生物との対比から原核生物とも呼ばれる。細菌には、分類学的に大きく異なる真正細菌と古細菌という二つのグループがある。

＊3　**PCR法**　Polymerase Chain Reaction の略語であり、日本語ではポリメラーゼ連鎖反応と訳される。二本鎖のDNAが高温では一本鎖に解離し、低温では二本鎖に結合するという性質を利用して、高温と低温のサイクルを繰り返すことで、連鎖的なDNAの合成を誘導する方法。高温耐性のDNAポリメラーゼとプライマーと呼ばれるDNA複製の起点となる短いDNA配列を用いることで、プライマーと相同な配列を持つ特定のDNA領域の合成のみを誘導することを可能としている。

第１章

生命を持った感染性の液体

マルティヌス・ベイエリンク——枠を突き抜けた純度を持つ男

図5　マルティヌス・ウィレム・ベイエリンク

のちに「ウイルスの発見者」（少なくともその一人）となるマルティヌス・ウィレム・ベイエリンクは、1851年オランダのアムステルダムに4人兄弟の末っ子として生まれた（図5）。彼の父親はタバコ業を商っていたがマルティヌスが2歳の時に倒産し、一家は貧困の中、オランダ北部にある古い地方都市ナールデンに移り住むことになる。その経済状況から、マルティヌスは12歳になるまで学校に通うこともできず、小学生に必要な知識は父親から家庭で教わったという。しかし、学校に通うようになると持ち前の勤勉さと類い稀なる知性で、彼はすぐに頭角を現しトップクラスの成績を収めた。叔父や兄弟に金銭的な援助を受けながら大学へと進んだマルティヌスは、自身も中学校や農業学校の教師をして苦学を続け、1877年に名門ライデン大学で博士号を得た。大学を出たマルティヌスは、その後の生涯をそこで過ごすことになるオランダの古都デルフトに移り、1884年に発酵関連会社の研究職としてラボを持つことになった。１８９５年には現在のデルフト工科大学に研究室を構えることになるのだが、それまでの10年ほどの月日をその研究所で過ごし、その間にウイルスの発見につながる研究を行うことになる。しかし、彼の本業は発酵菌や農業上の有用菌など、主に酵母や細菌の研究であり、驚くべきことに「ウイルスの発見」は彼にとって、サイドワークに過ぎなかったということになる。

マルティヌス・ベイエリンクの研究者としての特徴を一言で表現するなら「枠を突き抜けた純度の高さ」ではなかったかと思う。ベイエリンクにとっては、研究が人生のすべてだった。研究に没頭した人生であり、それはまたどこか孤独の影が付きまとうものでもあった。研究所では朝から晩まで、時には夜を徹して研究に明け暮れたが、人付き合いは苦手で同僚とうまく行かず、また会社からの期待通りに研究することにも困難を感じていたようで、上司に幾度となく辞職を願い出ている。女性との付き合いや家庭を持つことも研究に支障をきたすと考えていた節があり、ベイエリンクは生涯結婚することはなかった。また、教師としても生徒に対する要求水準が高く、間違いを犯した生徒には厳しくあたり、時に怒鳴り散らすこともあったという。そういったこともあってか、当時の生徒の話では、学校で人気のある教師とは言い難かったようである。

人の日常生活というのは、いろんな要素が複雑に入り混じった混合物である。研究者であろうと、研究生活とは別に友人や同僚と酒を酌み交わしたり、娯楽に興じたり、異性とのデートを楽しんだり、家族との時間を過ごしたりする。そういった様々な要素をバランスよくこなしていくのが一般人の日常である。また、日常の人間関係は「何が真実か」といったことを意図的に曖昧にすることで、円滑に進んでいくこともしばしばだ。しかし、ベイエリンクはそういった混合物から「研究」や「真実」を抽出し、その純度をどんどん高めていったかのように思える。その妥協なき態度は、恐らくベイエリンクを「常人の域」からはみ出た存在にし、そのことが彼の人生に与えた負の影響も、あるいはあったかも知れない。しかし、それがマルティヌス・ベイエリンクという研究者であった。

ベイエリンクが「安易な調和」を好まない厳しい性格であったことは間違いないが、それは彼の人格が教育者として不適格であったということを必ずしも意味しない。実際、のちに教鞭をとったデルフト工科大学では、ベイエリンクは幾人もの優秀な研究者を育てており、早い時期から彼らにきちんと自分で論文を書かせている。研究を志す意識の高い学生にとっては、ベイエリンクの卓越した見識と科学に対する妥協なき真摯な姿勢は、厳しさの中にも魅力が感じられるものであり、彼はのちにデルフト派と呼ばれる脈々と続く微生物研究者たちの源流となった。

生命を持った感染性の液体

ベイエリンクが活躍した19世紀後半から20世紀の初頭は、近代的な微生物学が大きく花開いた時代であった。意外に思われるかも知れないが、それより以前、つまり今からわずか150年ほど前までは、病気がなぜ起こるのか、ということがきちんと解明されておらず、病原体のような実体のあるものを原因と想定した説(コンタギオン説)に加え、呪いや祟り、あるいは瘴気(悪い空気)のようなものが原因とする説(ミアズマ説)も広く信じられていた。その状況に終止符を打ったのは、近代細菌学の父とも言われるロベルト・コッホである。1876年に彼はヒトの炭疽病の原因が細菌であることを初めて証明し、その後、結核菌(1882年)、コレラ菌(1883年)などの単離に次々と成功していく。これら一連の業績で、彼はこの分野で揺るぎない名声を築き、1905年にはノーベル生理学・医学賞を受賞することになる。そのコッホが提唱した「感染症は病原性微生物(細菌)によって起きる」という考え方は、当時の最新の知見であり、医学、微生物学に従事した研究者の常識を支配していくことになる。

実際、感染症の原因が細菌と特定できたことは医療の発展にも大きく寄与し、その原因となる細菌を取り除くための煮沸消毒・オートクレーブ[*4]などが確立されていくのもこの時

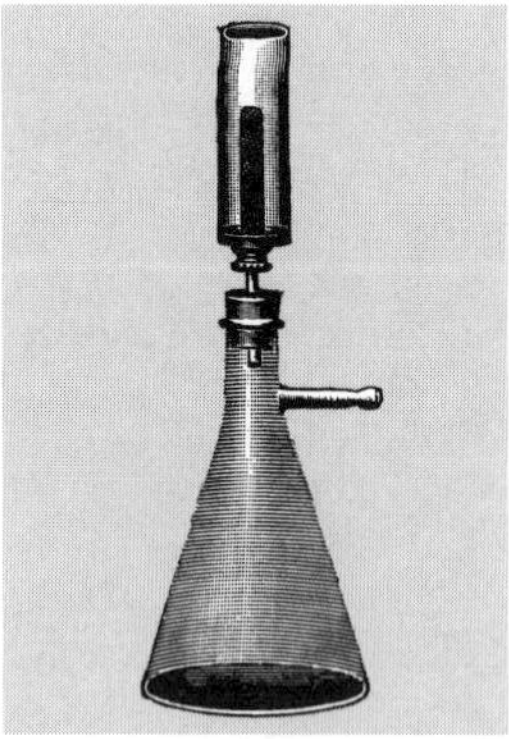

図6　ベイエリンクやイワノフスキーが用いたシャンベラン濾過器　Knight (1974) より引用

期である。そういった消毒法の一環として、当時シャンベラン濾過器と呼ばれる、陶器（素焼き）を濾過フィルターとして用いた装置が使われていた（図6）。素焼きには無数の細孔が開いており液体は通り抜けるが、その細孔のサイズは平均０・２㎛ほどであるため、感染症の原因となる通常の細菌は細孔に捕獲され通り抜けることが出来ない。従って、この濾過装置を用いることで、溶液中の病原性細菌を取り除くことができたのである。

ウイルスの発見はこのシャンベラン濾過器の存在に端を発している。すなわちこのシャンベラン濾過器を通り抜けてくる「濾過性病原体」としてウイルスは発見されることになる。「濾過性病原体」の報告は１８９０年代に３グループが独立して行っている。１８９２年にタバコモザイクウイルス（ＴＭＶ）（図７）を用いて「濾過性病原体」を初めて記述したロシアのディミトリー・イワノフスキー、１８９８年にウシ口蹄疫病ウイルスを用いて同様の報告をしたドイツのフリードリヒ・レフラーとポール・フロッシュ、そして同年にＴＭＶを用いて実験を行ったベイエリンクの報告の三つである。

ウイルスの発見者が誰だったかという点は今も議論があり、少し丁寧な解説書ではこの三つの業績が併記されることが多い。彼らはいずれも常識的な細菌より明らかにサイズの小さな病原体が存在することを報告した。その意味での違いはないが、問題はその実験結果の解釈である。イワノフスキーは「濾過性病原体」の正体を、これまで知られている細菌よりサイズの小さな細菌か、細菌から分泌された毒素であると考えていた。彼の論文には濾過器の不良を疑う記述があり、「濾過性病原体」の正体はその不良により漏れてきた細菌と考えていたことが窺われる。さらに後年にはその「濾過性病原体」が人工培地で培養可能であったとも述べている。これらは彼が自分の見つけた「濾過性病原体」をあくまで培地で培養できる細菌の一種だと信じていたことを示している。

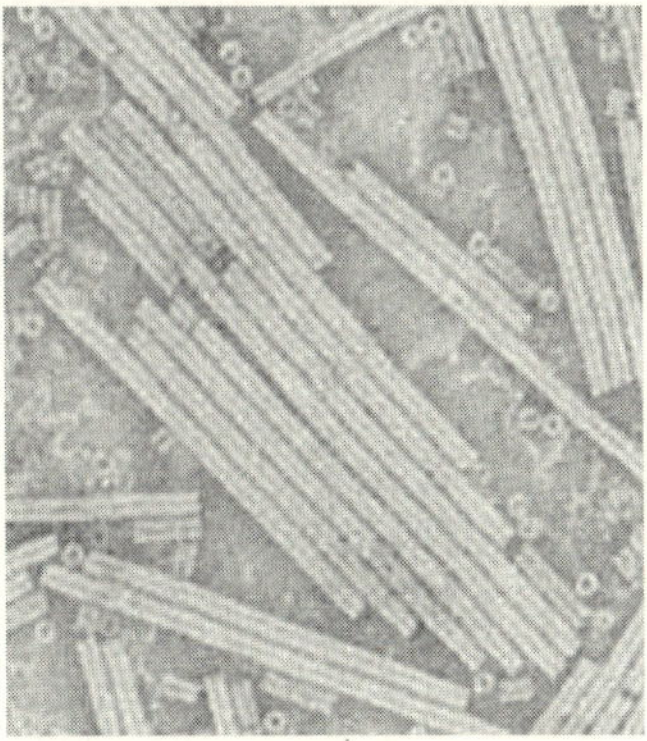

図7　タバコモザイクウイルス（TMV）の電子顕微鏡像

ウシ口蹄疫病ウイルスを扱ったレフラーとフロッシュの論文では、より入念に「濾過性病原体」が解析された。その結果、通常の培地では培養できないことや毒素ではないこと、シャンベラン濾過器は通過するが、それより目の細かい北里フィルター（北里柴三郎が考案した物）では通過率が低下することから、微粒子性（corpuscular）であるといったことが報告されている。よりウイルスの姿に近づいた観察結果と言って良いと思う。しかし、彼らもまたその「濾過性病原体」をminutest organism（最小の生物）と表現し、細菌とはまったく違う新しいタイプの病原体という結論には至っていない。レフラーはコッホに師事した彼の愛弟子であり、偉大な師の提唱した「感染症は病原性微生物によって起きる」というドグマから完全に自由になることは、やはり難しかったのだろう。

一方、ベイエリンクは突き抜けていた。彼はその「濾過性病原体」の正体をcontagium vivum fluidum（生命を持った感染性の液体）と記述し、微生物ではなく可溶性の「生きた」分子であると主張した。その記述は、時代を覆った常識や権威の雲を完全に突き抜けていた。しかし「生命を持った感染性の液体」とは何という表現であろう。恐らくこの表現は、コンタギオン説を唱えた16世紀のジローラモ・フラカストロが病原体を表現するのに用いた「contagium vivum」の変形ではあろうが、彼はタバコモザイク病の原因となる病原体が、通常の細菌ではないことを確信していた。「液体」とした彼の表現が、現在の科学的知見からしてどれほど正確かという問題はあるが、この常識の枠にとらわれない

「踏み込みの深さ」が、ベイエリンクの真骨頂である。

もちろんこの突飛にも思える新説を、彼は何の根拠もなく単なる想像で言い出した訳ではない。ベイエリンクは、レフラーらが行った「濾過性病原体」が培地では培養できないという実験を、好気性・嫌気性条件の両方で行い、より綿密で確実な結論を得た。さらに細菌が動くことが出来ない寒天の中でも、その病原体は広がり移動する「液体状」のものであることを示し、その存在を「ウイルス」と呼んだ。また、彼の観察結果の中で重要なことの一つは、この病原体が分裂や成長をしている細胞分裂の活発な若い植物組織では増殖するが、古い組織や感染植物の濾液中では、増殖しないこと（少なくとも活発には）を見出していた点である。これは序章に書いた「ウイルスは生きた宿主の細胞の中でしか増殖できない」という今日の知見に通ずるものである。当時は、正確なウイルスの定量法もなく、このような結論を観察のみから導き出したベイエリンクの実験の緻密さと正確な洞察力には驚きを禁じ得ない。この他にも、その「ウイルス」を90℃程度に熱すると感染性を失うことから、芽胞のような細菌の耐久器官とは異なる可能性が高いこと（細菌の耐久器官は多くが90℃程度では死滅しない）、アルコールに入れても殺菌できず、沈殿する性質をもつことから生物とは考えにくいこと、また2年間も乾燥させた感染植物標本でも感染性を失わず、乾燥にも強いこと等を合わせて示している。これらベイエリンクが行った実験の詳細は岡田吉美の『タバコモザイクウイルス研究の100年』に詳しい。

「生命を持った感染性の液体」という彼の大胆な結論は、こういった非常に緻密で、現代の知見で検証しても十分に批判に耐え得る質の高いデータから得られたものであった。精度の高い実験を計画遂行する能力と、そこから得られた結論がたとえ常識外れのものであっても、正しいと信じる心の強さをベイエリンクは兼ね備えていた。それは真実を求めて幾重にも積み重ねられた彼の時間が、あたかも何かの内圧を高めるように蓄積され、枠を突き破る力となったかのように、私には映る。彼は常識の枠を越えることを目的とはしていない。ただ、何が常識かというようなことが、彼には無関係であっただけである。ベイエリンクは紛れもなく「ウイルス」という存在の、この世界での在り方を初めて発見した人物であった。

ベイエリンクはパスツールやコッホ等と比べると知名度こそ大きく劣るが、窒素固定を行う根粒菌の発見や、集積培養法という、特定の微生物のみを効率的に単離する方法の開発者でもあり、研究者としての業績は卓越している。彼の名が一般にさほど知られていないのは、ヒトの病気菌といった花形の研究に比べると、植物を中心とした微生物の研究は注目度が低かったことや、彼の「生命を持った感染性の液体」という大胆な仮説の提出が、多くの研究者に受け入れられるには、やや早過ぎたこと等の要素があったのだろう。

彼の発見したウイルスが、「普通の生物」とは大きく違った存在であることが一般に受け入れられて行くのには、さらに約40年の時を要したのだった。

結晶化する「生命体?」

ベイエリンクによる「contagium vivum fluidum」説の提唱後も、イワノフスキーを含む多くの研究者が「濾過性病原体」を培養に特殊な栄養素が必要な細菌か、「芽胞」と呼ばれる「細菌の種子」のような耐久器官であると考え、その可能性を追求していた。「感染症は病原性細菌によって起きる」というコッホの定説は、決してまだその支配力を失ってはいなかった。その状況に終止符を打つことになるのは、従来の微生物学者ではない新しい勢力だった。その新勢力とは、1930年前後にこの分野へと流入してくる生化学者たちだ。彼らは観察や培養などの伝統的な生物学における手法を用いる微生物学者とは違い、物質から生物にアプローチするという手法を採った。キーワードは、タンパク質である。

生命現象におけるタンパク質の重要性が認識されるようになったのは、それより約100年前の1833年にフランスのアンセルム・ペイアンとジーン・フランソワ・ペルソが生化学的な反応を促進する能力を持つ「酵素」を発見したことに端を発している。彼らは麦芽（ばくが）の抽出液中にデンプンの分解を促進する何らかの因子、すなわちジアスターゼ（アミラーゼ）という酵素活性、があることを発見したのだ。しかし、その酵素と呼ばれた因子の正体は長年の謎であり、加熱すると失活するという生物（生命）と似た性質を持っていたため、それが何かの物質によって起こるのか、何か目に見えない生命に由来する生気のようなものの作用なのか、両方の説が存在した。

この問題は１９２６年にジェームズ・サムナーにより、酵素の正体がタンパク質であることが示され決着が着くのだが、その際にサムナーの用いたロジックは、タンパク質（ウレアーゼ）を結晶化させ、つまり他の物質の混入を排除して単一の物質として高度に純化した上で、そこに高い酵素活性があることを示すというものであった。サムナーの業績のインパクトは、これまで生命活動に固有のものと思われていた生体物質の分解や合成といったことが、ただの物質に過ぎないタンパク質で行えることを示したという点であった。逆に言えば、タンパク質にはそういった生命活動の根幹となるような機能を担う性質があることが示されたことになる。そしてこれを機に、時代の注目は一気にタンパク質へと動いていく。

このサムナーと同じロジックを用いて「濾過性病原体」の正体を突き止めようとしたのが、生化学者のウェンデル・スタンリーであった。当時彼はロックフェラー研究所にいたが、その同僚がタンパク質結晶化のスペシャリストであるジョン・ハワード・ノースロップだった。ノースロップは胃の消化酵素ペプシンの単離、結晶化に成功し、後にスタンリーと同時にノーベル化学賞を受賞することになるのだが、その彼の技術を身近で学ぶことのできたスタンリーは、大量調製が比較的容易なTMVを用いて結晶化に取り組み、そしてそれを成功させた（図8）。彼が得たTMVの結晶は10億倍に薄めても、なお感染性を示すという純度の高いものであった。植物の中で増殖し次々と植物に病気を起こしていくという「生命活動」としか思えないことを行うTMVが、鉱物やタンパク質のように結晶化する単純な物質であったという発見は、衝撃的なものであり、ウイルス学における偉大なマイルストーンとなっている。

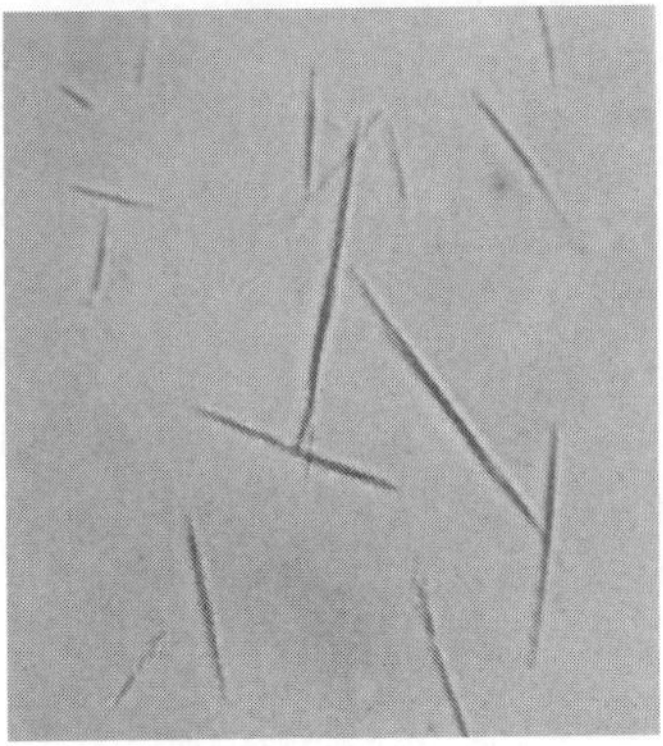

図8　TMVの針状結晶
Knight (1974) より引用

スタンリーはこの成果を、『サイエンス』に「Isolation of a crystalline protein possessing the properties of tobacco mosaic virus（タバコモザイクウイルスの性質を持つ結晶タンパク質の単離）」というタイトルの論文で発表し、「濾過性病原体」の正体をタンパク質であるとした。化学分析の結果、そのTMVの結晶にはリンも糖も含まれていなかったと述べられている。しかし、後述することになるが、ウイルスの本体は核酸であり、実際はTMV粒子には大部分を占めるタンパク質の他に核酸の一種であるRNAが約5％含まれている。この糖もリン酸も含むRNA成分をスタンリーが見過ごしたことは、当時の分析技術の感度の低さに加えて、サムナーやノースロップが行った酵素の結晶化実験の成果をなぞろうとしたスタンリーの思い込みも作用していたように、私には思えてならない。「生命活動の根幹となる機能を担う物質はタンパク質である」という当時の「時代の意識」に、彼もまた飲み込まれてしまったのだろうか？

実は当時TMVの結晶化を試みていたグループは、スタンリー以外にもいくつかあり、特にイギリスのフリードリック・ボーデンとノーマン・ピリエは、スタンリーより1年遅れた1936年に、『ネイチャー』において極めて精度の高い解析結果を報告している。彼らによるとTMVの結晶は、16・7％の窒素、0・5％のリン、および2・5％の糖を含み、95％のタンパク質と5％のRNAを構成成分として持つ核酸タンパク質であるとした。これらの数値は現在の解析技術から得られる値と大差なく、「濾過性病原体」すなわちウイルスの正体が核酸タンパク質であるとした点でも極めて重要な報告である。しかし、このTMVに少量含まれていたRNAの重要性については、彼らも十分に認識しておらず、このRNAこそがウイルスの「本丸」であることが示されるのは、さらに20年の歳月が流れた1956年のことになる。

その20年の間に何が起こったかと言えば、1944年に有名なオズワルド・アベリーらの実験により遺伝物質の本体がDNAであることが示され、1953年にはワトソンとクリックのDNAの二重らせんモデルが提唱される。そう、その20年の間に時代の焦点はタンパク質から核酸へと移っていったのである。この時代の流れの中でTMVにおけるRNAの重要性が見直されることになったのだ。このような経緯を今から振り返ると、ウイルス研究の歴史も「時代の意識」と決して無縁ではなかったことがよく分かる。その時代の意識や権威の雲を突き抜けた研究者とそれに飲み込まれた研究者がおり、前者が常に栄えある光に浴したという訳でもないことに、少し複雑な思いもする。

しかし、多少の誤謬(ごびゅう)があったとは言え、植物の中で増殖し、病気という生命現象を引き起こすTMVというウイルスが、ただの物質のように結晶化する存在であることを示したスタンリー(そしてボーデンとピリエ)の発見は、生命科学史上、特筆に値するものであったと言わざるを得ない。その発見が与えた最大の驚きは、それまで自明のものと考えられていた生命と物質の境界を曖昧にしたことである。成長する、増殖する、進化するなどの属性は生物に特有なもので、生物と物質とは明確に区別できるという常識が大きく揺らいだ。ウイルスは純化するとただのタンパク質と核酸という分子になってしまう。しかし一方、生きた宿主の細胞に入るとあたかも生命体のように増殖し、進化する存在となる。この二面性のどちらにウイルスの本当の顔があるのか。今から約80年前にスタンリーらの発見によって投げかけられたこの問いが、本書の底流となるテーマでもある。

注釈

＊4　**オートクレーブ**　高圧蒸気滅菌器のこと。飽和蒸気によって内部を高圧にすることで100℃を越える温度で殺菌処理を行うことができる。

＊5　**好気性・嫌気性**　微生物には、増殖に酸素を必要とする好気性生物と酸素を必要としない嫌気性生物が存在する。嫌気性生物の一部（偏性嫌気性生物）は、酸素が存在すると増殖できない。

第2章

丸刈りのパラドクス

丸刈りのパラドクス

私が通っていた中学校は、校則で頭髪は丸刈りと決まっていた。ちょっと色気づいてくる年頃の中学生にとって、丸刈りの校則をかいくぐりどれだけ髪を長く伸ばせるのか、というのは大変な関心事で、生徒と生活指導の先生方との攻防がそこには繰り広げられていた。素行の良くない私のような生徒は、生活指導の先生から「髪が長い」としばしば注意され、あまりに長すぎる時は体育教師から「耳そぎ」という、耳がそがれるほど耳たぶを揉まれるという体罰を受けることになった。今は丸刈りも体罰も、人権問題だなんだと世知辛い世の中になったが、当時はそれが当たり前であり、それはそれで良き時代であったと、時々懐かしく思う。

それはさておき、ここでの問題は「何をもって丸刈りとするか」である。生徒は少しでも髪を伸ばしたいし、教師は校則に従わない生徒を納得させて、髪を短く切らせる必要がある。どこからが校則違反で、どこまではセーフなのか、それが問題である。ある時、相当に髪を伸ばした学生を摑(つか)まえた「耳そぎ」教師が、「これは丸刈りだ」と主張する彼に向ってこんなことをした。その先生は男子学生をみんな立たせ、それを髪の長い順に並べたのだ。そして言った。

「隣の人と髪の長さを比べてみ。全然差がないように見えるやろ」
「この人がOKなら、俺だってOK。隣とだけ比べていたら、みんな、OK。そうなってしまう」
「でも、最初の人と、一番最後のお前を比べて見ろ。彼は丸刈りだが、お前は違う。分かるか？」

もうずいぶん前の話で、記憶はおぼろげであるが、確かこんな説明であったように思う。その後、その男子学生が敢えなく「耳そぎ」の刑に処されたのは言うまでもない。

さて、このエピソードは「丸刈りとは何か」という深刻な命題を我々に突きつけている。合理的に考えようとするなら、例えば「髪の毛の長さが1cm以下を丸刈りとする」というような校則（定義）を作れば、これは解決する。しかし、もし髪の毛の長さが1・05cmの生徒がいて、その生徒の髪型が社会通念上、丸刈りと呼ばれないのかと言えば、恐らくそれはそうではない。髪の長さが5cmある人を丸刈りと呼ぶ人はいないと思うが、髪の長さが2cmであればどうか、さらに1・5cmならどうなのか？　生物の形質は一般的に言って連続値となることが多く、何かの区分を作った場合、どこで線を引くべきか、という問題が生じやすい。この「ある中学生の髪がどこまで伸びたら丸刈りでなくなるのか」という問題を、本書では「丸刈りのパラドクス」と呼ぶことにする。この「丸刈りのパラドクス」は、ウイルスとは何か、生命とは何か、を考えていく上で、実は極めて重要な問題を内包している。

本章ではウイルスの基本的な構造や一般の細胞性生物との違いを概説する。しかし、これから述べていくように、実際にはウイルスやその関連因子には極めて多様なものが存在しており、「ウイルスとは何か」という問いはシンプルなようで、実はそれほど簡単に答えられるものでもない。本章ではそのウイルスと非ウイルスの間の「丸刈りのパラドクス」、すなわち、その様々な「境界領域」の危うさも併せて紹介したいと思う。

細胞とウイルス

ウイルスが一般の生物と決定的に違うのは、「細胞」という構造を持たないことである。細胞（cell：セル）という言葉を最初に使ったのは「イングランドのレオナルド（レオナルド・ダ・ヴィンチ）」とも称され、多才で知られた17世紀の博物学者、ロバート・フックであった。彼は当時発明されたばかりの顕微鏡を使ってコルクを観察し、そこに小さな部屋のような構造があることを発見した。そしてそれを修道士たちが日々祈り、生活した修道院の独居房が並んでいる姿に見立て、小部屋を意味するセルと名づけた（図9）。彼の見たものは、厳密に言えば、細胞そのものではなく細胞が死んだ後に残った細胞壁ではあったが、細胞を小部屋と表現したのは言い得て妙であったと思う。なぜなら生物における細胞の最も重要な機能をたとえて言うなら、それはまさに部屋であると私は思うからだ。

部屋（セル）にとって重要なことは、物理的に外界から隔てられた空間を作っていることである。ドアを閉めれば、そこには自分だけの空間が広がっている。自分の部屋であれば、散らかしっぱなしであろうが、ピンク色のカーテンをつけようが、壁にアイドルのポスターを貼ろうが、自分の好きなようにアレンジできる。また、エアコンをつければ、自分の好きな温度に設定できるし、用心深い人はモニター付きのインターホンをつけるかも知れない。繰り返しになるが、この〝自分の空間を作る〟ということには、物理的に外界から隔離されている

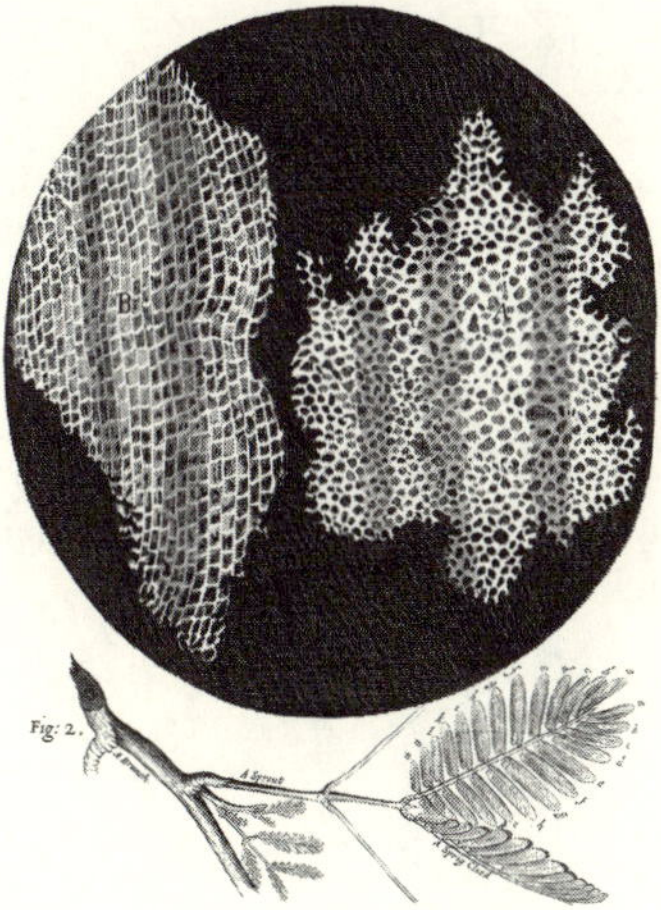

図9　コルク細胞とミモザのスケッチ
ロバートフック（1665）Micrographia

ことが重要である。区切りがなければ、エアコンをかけても冷気はどんどん逃げて行くし、外から太陽の光や雨も入ってくる。風が吹けば、部屋の中身は飛ばされて外に出て行くし、外からはゴミが飛んでくる。とても自分にとって快適な環境を維持することは出来ない。

生物の細胞、セルという小部屋において、この〝自分の空間を作る〟という「壁」の持つ役割を本質的に担っているのは、細胞膜という薄い膜構造である。細胞膜はリン脂質を主要な構成成分とし細胞を取り囲む膜として存在しているが、その優れた特性の一つは「壁」としての機能を水の中で果たすことが出来ることである。水と油が混じり合わないことは、多くの人が経験的に知っていると思うが、この細胞膜は中央に脂質、すなわち水と油で言えば油の部分を持っており、この油の部分があたかも「壁」のように働き、その両側にある水（正確には、水に溶けている溶質）が直接混じり合うことを妨げている。この「壁」で囲まれることにより、生物はその内側に外部の環境とは違う〝自分の空間〟を作り、驚くべき巧妙さで代謝や複製といった生命活動に適した環境を整えている。

さて、その「壁」で仕切られた部屋の中に何が存在しているかであるが、どんな生物の細胞にも存在する主要構成要素と言えば、細胞膜、遺伝情報を持つＤＮＡ（およびＲＮＡ）とリボソーム[*6]である。リボソームは細胞内でタンパク質を作る役割を果たしているが、こ

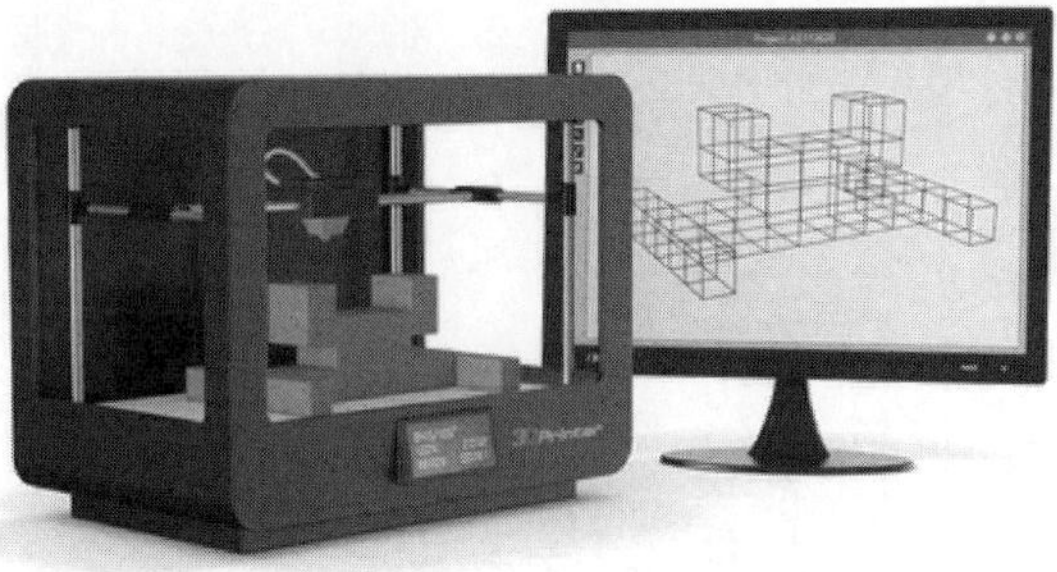

図10　3Dプリンター

れを部屋にある物にたとえるなら、超高性能な3Dプリンターのようなものである（図10）。この3Dプリンターは現在我々が持っているものより遥かに高性能で、設計図さえあれば、実際に使用できる便利な道具を何でも作り出せる。生物はこの自分の部屋にある超高性能3Dプリンターを使って、家の家具や調理道具や、はたまた新たに部屋を増築するための大工道具に至るまで何でも作ってしまう。

では、その部屋に住んでいる住人にたとえるべきものは誰なのか？　それは言うまでもなくDNA（核酸）である。この住人には凄い特技が二つある。一つは分身の術を使えること、そしてもう一つは3Dプリンターを使って作ったその部屋にある物すべての設計図をちゃんと覚えていることである。この住人は、時々分身の術を使って二人に分かれては、部屋を2倍の大きさにして二部屋に区切ることを繰り返している。新しく出来た部屋では、また自らが持つ設計図を使って必要なものを3Dプリンターで作り出す。これを繰り返すことにより、どんどん新しい部屋を増やし、どんどん分身も増えていくことになる。

さて、ここまで生物の細胞を部屋にたとえて説明してきたが、では、ウイルスをこのたとえに則して説明すれば、どうなるのだろう？　それは家なき子である。ウイルスには自分が暮らす部屋がない。一応、雨露をしのぐレインコートは着ているが、自分の空間がないので快適な環境は整えられず、あの何でも作れる便利な3Dプリンターもない。暖かい部屋も食べ物もなく、ひたすら耐えて漂うだけの、非常に可哀想な存在のようにも見える。しかし、この家なき子は只者ではない。時には赤ずきんちゃんのオオカミのようにトントンとドアをノックして、ある時には有無を言わさず押し入って、他人が住む部屋（細胞）へと侵入していく。そこは家なき子にとっては、暖かで食べ物もたくさんある天国のような環境である。実はこの家なき子は、部屋の住人と同じように分身の術を使いこなし、あの3Dプリンターで使える設計図も持っているのだ。しかも、この家なき子は部屋に入って動ける環境になればすばしっこく、時には本来の住人の足を引っ張って、部屋の中の3Dプリンターや家財道具を平気で先に使ってしまう。本来の住人は一部屋に一人という原則を持っているが、家なき子はそんなことはお構いなしに分身の術を多用し、あっという間に部屋一杯に増えてしまう。そうなると、もう元の住人はお手上げである。部屋を乗っ取られ、中の物を好き勝手に使われ、最終的には3Dプリンターで作った出来たての新しいレインコートを着た沢山の家なき子たちが、意気揚々と部屋の外へと（多くの場合部屋を壊して）出て行く顚末となる。もちろん例外はあるが、これが典型的なウイルス感染の比喩的な説明である。

ウイルスの基本的な構造

ここまで比喩的な表現を用いてウイルスを説明してきたが、生物学の術語に置き換えれば、ウイルスは細胞膜に囲まれた細胞構造を保有せず、タンパク質を合成するリボソームも持たないが、固有の遺伝情報（ウイルスゲノム）[*7]からなる核酸を保有する存在ということになる。また、先の比喩に用いたレインコートは、タンパク質で出来たキャプシドという構造である（図11）。これはウイルスゲノムの核酸を包み込むタンパク質の集合体であり、ゲノム核酸と共にウイルス粒子と呼ばれる構造体を形成する。このゲノム核酸をキャプシ[*8]ドというタンパク質の集合体で包んでいる姿が、ウイルスに共通する基本構造と一般的に考えられている。

ウイルス粒子には球状（正二十面体）、棒状やひも状など様々なものがあり、中にはバクテリオファージ（細菌に感染するウイルスのこと。単にファージとも呼ばれる）のように非常にユ

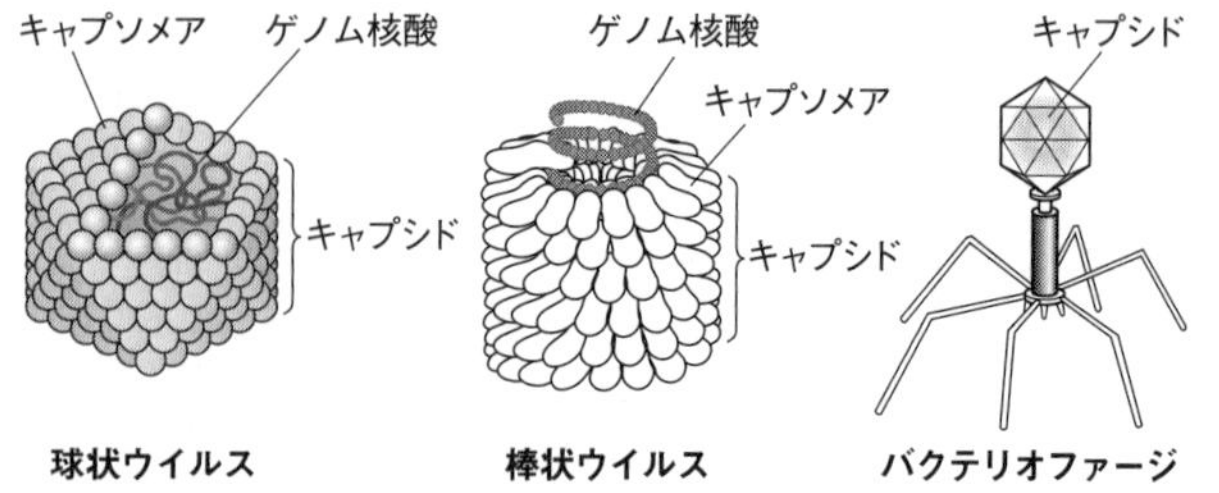

図11　各種ウイルスの模式図

ニークな形をしたものも存在する（図11）。キャプシドは一つの大きなタンパク質でウイルス粒子を作っている訳ではなく、例えばＴＭＶの場合だと２０００個を越えるキャプシド構成タンパク質（キャプソメアあるいはサブユニットタンパク質と呼ばれる）がブロックで形を作るように組み立てられてキャプシドを構成している。ウイルスの種類により、部品となるキャプソメアの形は違い、組み立て方も異なるため、その結果、キャプシドの形も変わることになる。

もちろん一口にウイルスとは言っても、生物に多様性があるように、実はウイルスにも非常に大きな多様性があり、この基本構造に準じていないものや様々な付加的な構造を持つウイルスが実際には存在している。そんな付加的な構造のうち、比較的多くのウイルスが共通して持っているものにエンベロープがある（図12）。これは先ほど挙げたウイルス核酸とキャプシドから成る「ウイルス粒子」の外側を包む脂質膜構造であるが、エンベロープを持つウイルスの場合、このエン

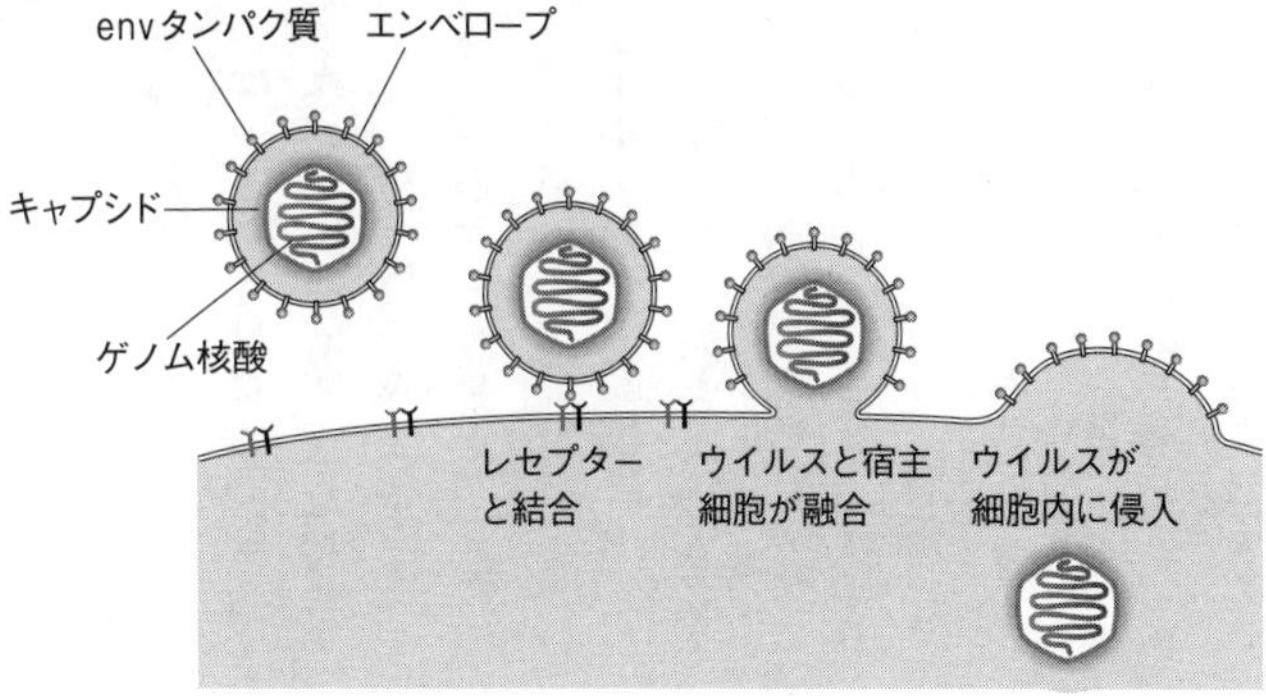

図12　エンベロープを用いたウイルスの感染様式

ベロープも含めて〝ウイルス粒子〟と呼ばれる。ウイルスは感染した細胞から外に出るときに、宿主の脂質膜（細胞膜や小胞体膜など）を剝ぎ取ってこの構造を作る。従って膜自体は宿主細胞に由来することになる。これを可能にするエンベロープ（env）タンパク質はウイルスが保有する遺伝子の産物であるが、これが「ウイルス粒子」の最も外側に張り巡らされたエンベロープに突き刺さるように配置されている。このエンベロープは細胞膜と同じ脂質膜の構造であるが、細胞膜のように〝自分の空間を作る〟という役目よりは、宿主の細胞膜との同質性を利用して融合させ、宿主細胞にスムーズに侵入するための構造だと考えられている（図12）。このため最外部に細胞膜がある動物細胞（植物細胞の最外部は細胞壁）への侵入時に有効な構造であり、実際エンベロープを持つウイルスは、動物ウイルスに多い。

このエンベロープはリン脂質からなる細胞膜で出来ているので、その構造を壊してしまう石鹸に弱く、エンベロープを持つウイルスは、石鹸による予防が効果的である。インフルエンザの予防には石鹸で手を洗うことが勧められているが、これはインフルエンザウイルスがエンベロープを持ち、この構造が破壊されると感染力が著しく低下するからである。一方、胃腸炎を起こすノロウイルスには石鹸の効果がないとされるが、それはこのウイルスがエンベロープを持たないためである。

ウイルスのゲノム核酸

ウイルスの大きな特徴の一つは、そのゲノムとなる核酸に様々な種類があることである。細胞性生物は例外なく二本鎖DNAをゲノムの遺伝物質としているのに対し、ウイルスは二本鎖DNA、一本鎖DNA、二本鎖RNA、一本鎖RNA[*9]など様々な種類の核酸をゲノムとして持ち、形態も線状であったり環状であったりする。従って、ウイルスゲノムにはDNAとRNA、二本鎖と一本鎖、線状と環状のものがあり、現実にはこれらが組み合わさっているため、実に多様なゲノム核酸を持つものが存在することになる。

細胞性生物は共通して二本鎖DNAを用いているのに、どうしてウイルスはかくも多様な核酸種を遺伝物質としているのだろうか？　実は核酸上の遺伝情報は、DNAもRNA

もお互いを鋳型として相補鎖を作ることができるため（DNAではTがRNAではUに変換されるといった微妙な違いはあるが）、どちらであっても基本的に情報を劣化させることなく、同じものを保持することが可能である（図13）。例えばウイルス粒子の中に一本鎖DNAをゲノムとして持っていても、それが複製の途中には二本鎖になるし、遺伝子を発現するためにはRNAにも変わる。次項でより詳しく述べるレトロウイルス等では、そのRNAがさらにDNAに変わったりしてしまう（図13）。現在の細胞性生物ではゲノムが二本鎖DNAであるためDNA→RNA→タンパク質という情報の流れが一般的に見えるが、本質的

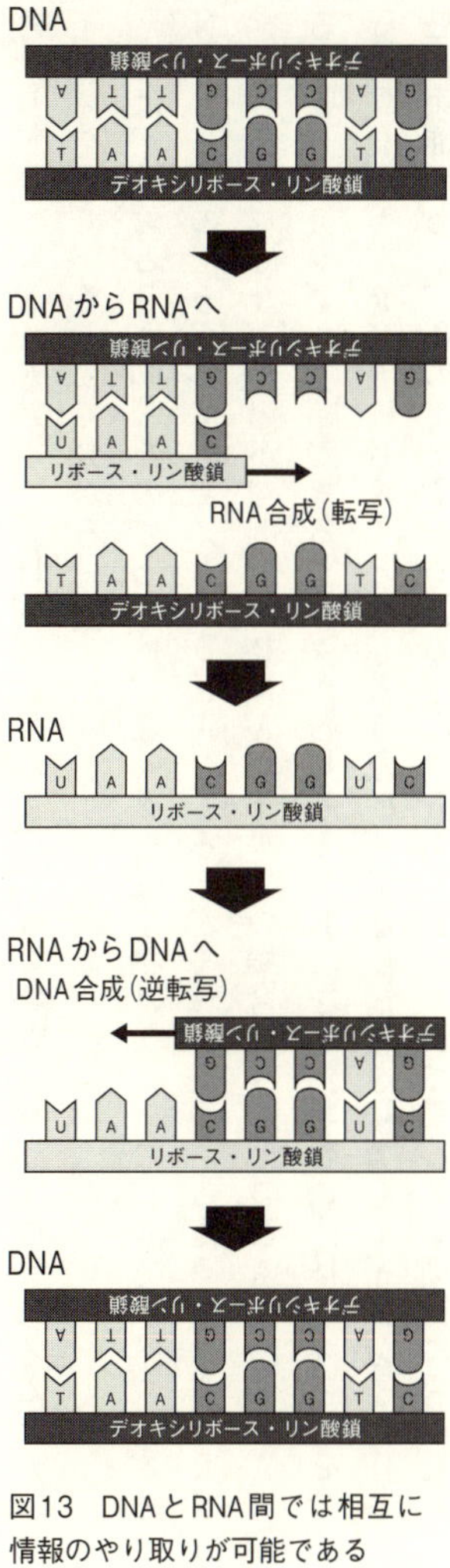

図13　DNAとRNA間では相互に情報のやり取りが可能である

にはＤＮＡとＲＮＡが持つ情報は同等のもので、情報の相互変換が可能であることが、ウイルスを見ているとよく分かる。

では、情報として同等なのであれば、なぜ細胞性生物はゲノムの核酸をすべて二本鎖ＤＮＡとしたのだろうか？　ゲノムをＤＮＡとすると、それを発現するためには必ずＲＮＡを作らなければならないが、例えばＲＮＡウイルスの場合は、このＤＮＡからＲＮＡを作るというステップを省略できる。我々から見るとＲＮＡを遺伝物質の本体とすることは奇異に見えるが、ＲＮＡはＤＮＡと同じような様式で遺伝情報を複製して子孫分子を作ることが可能であり、そのまま遺伝情報の発現にも用いることができる。原理的に言うなら、生命現象を司る上でＤＮＡのフェイズを持つ必然性は特になく、ＲＮＡウイルスという存在は、実に合理的で効率の良いものに映る。実際、ウイルスにはＲＮＡをゲノムとするものが多く、特に植物ウイルスや菌類ウイルスでは、そのほとんどがＲＮＡウイルスである。

しかし面白いことに、そんなに合理的ならすべてのウイルスがＲＮＡウイルスかと言えばそうでもなく、細菌ウイルスはほとんどがＤＮＡウイルスであるし、動物ウイルスでも結構な部分がそうである。特にゲノムサイズが大きなウイルスは例外なく二本鎖ＤＮＡウイルスであり、ゲノムサイズの増加と共にその担体がＲＮＡから二本鎖ＤＮＡへと移って行ったように思える。よく知られているＲＮＡウイルスの中で最大級のゲノムを持つものには、重症急性呼吸器症候群（Severe Acute Respiratory Syndrome : SARS）の原因となるコロナウイルスがあるが、そのゲノムサイズは3万塩基くらいである。他の種類のＲＮＡウイルスもその程度を上限としており、3万塩基くらいにＲＮＡウイルスの大きさの限界があるように見える。

この理由について確立された説がある訳ではないが、主要な要因の少なくとも一つとして、ゲノムの増大に伴って必要とされることになる高い遺伝情報の安定性が挙げられる。ＲＮＡという分子はＤＮＡと比べて、その分子構造から化学的な反応性が高いという性質を持っており、その特性を利用して酵素としてふるまうリボザイムというＲＮＡ分子も知られている。しかし一方、反応性が高いということは、反応して違うものに変わってしまう可能性も高く、物質としての安定性がＤＮＡより低いという欠点につながってしまう。また、ＲＮＡ複製酵素はＤＮＡ複製酵素に比べてエラー率が高く、複製時の突然変異が起きやすい。

こういったＲＮＡの遺伝情報としての不安定さは、例えば次々と変異した子孫を生み出すウイルスの生存戦略にも利用されているが、残念なことにゲノムが大きくなると、この高い変異率が致命傷になってしまう。たとえばウイルスが増殖できなくなるような致命的な突然変異が10万分の1の確率で起こるとすると、ゲノムサイズが1万塩基であれば、10回の複製に1回の確率で起こるだけであり、大半の子孫は無事である。しかし、ゲノムサイズが10万塩基になれば、1回複製しただけで確率的にはどこか1ヵ所に致命的な変異が起こることになり、ゲノムサイズが100万塩基になれば、確率的に1回の複製で10ヵ所にも致命的な変異が起こる計算になる。そうなると、とても継続的に子孫を残していくことは出来ない。システムが増大し複雑になればなるほど、それを維持するためには、より高い正確さが求められるようになる。ウイルスが、ある意味、効率の良いRNAをゲノムとして用いることが出来るのは、彼らのゲノムサイズが小さいことと恐らく無縁ではない。逆に言えば、我々、細胞性生物は二本鎖DNAをゲノムとしたことで、ゲノムを大きくすることが可能となり、より多くの遺伝情報を用いた複雑な仕組みを作る方向へと進化して行ったと言えるのかも知れない。

ウイルスの境界領域　その1 ――転移因子

ここまでウイルスの基礎的な性質について概説してきたが、そのようなウイルスと無視できない類似性があるものの、典型的なウイルスとは少し違う存在を、これから二つ紹介したい。一つ目は「転移因子」である。

多くの生物種における近年のゲノム解読によって、様々なタイプのウイルスが生物ゲノム、すなわち核内の染色体ＤＮＡに侵入していることが明らかになった。そのような配列は、総称して内在性ウイルス様配列（ＥＶＥ：Endogenous Viral Element）と呼ばれている。ＥＶＥにはゲノムに侵入することで有名なレトロウイルスだけでなく、ＤＮＡ型のウイルスもあれば、ＲＮＡ型のウイルスもあり、細菌から動物・植物といった高等真核生物に至るまで幅広い生物種のゲノムに普遍的に存在している。このＥＶＥとよく似た存在に転移因子と呼ばれる一群のＤＮＡ配列がある。この転移因子という用語は、トランスポゾンや挿入配列（IS：Insertion Sequence）といった名前で研究されてきた遺伝因子の総称であり、そちらの呼び名の方がなじみのある読者も多いかも知れない。

これら転移因子の特徴は、ウイルスとは違い「病気を起こす」ことではなく、文字通り、一定の長さの配列がゲノムＤＮＡ上を「転移する」（動く）ことである。つまり核内のゲノムＤＮＡ中の特定のＤＮＡ配列が、元いた場所から飛び出して、別の場所に引っ越しするようなことを行う。この転移因子にはＤＮＡトランスポゾンとレトロトランスポゾンという2種の大きなグループがあり、前者ではＤＮＡ配列がそのまま移動するのに対し、後者は転移の中間体にＲＮＡを使用することを特徴としている（図14）。

転移因子は１９５０年前後にアメリカの植物遺伝学者バーバラ・マクリントックによっ

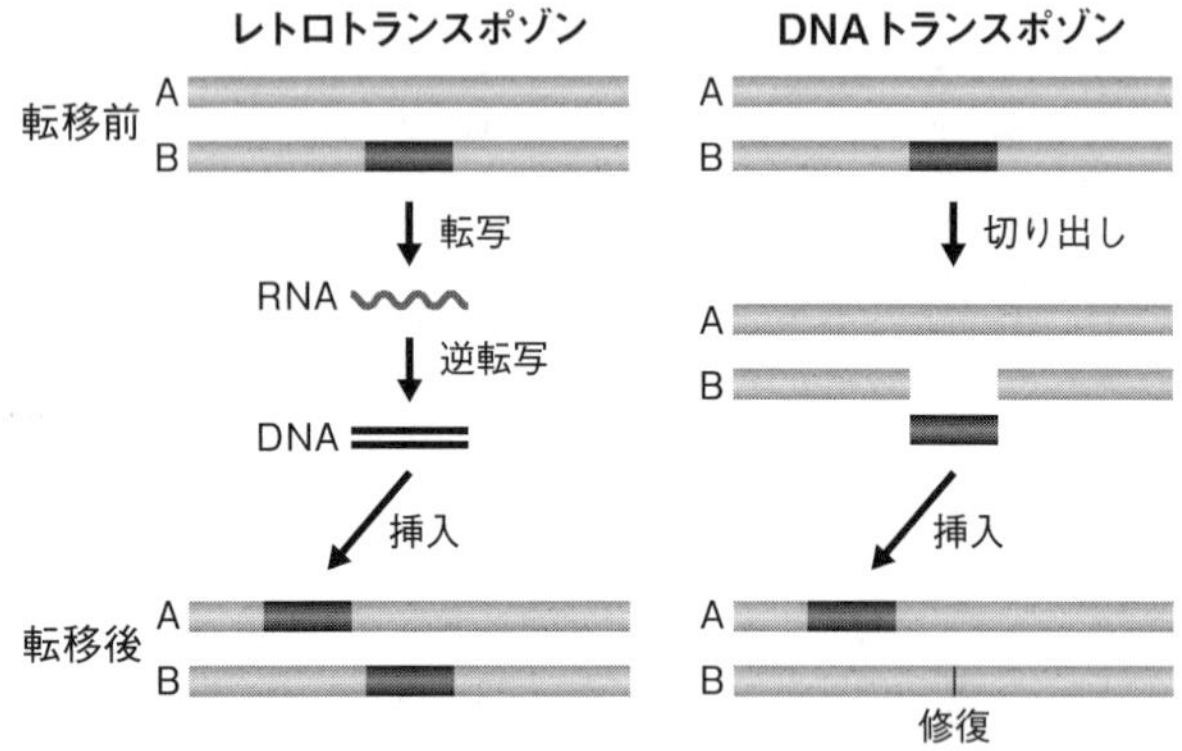

図14　転移因子の二つの転移様式
ともに染色体B上のDNA配列が染色体Aに転移している

て初めてその存在が提唱された。その当時は、ワトソンとクリックによるDNAの二重らせんモデルもまだ発表されておらず、遺伝子がどんな物質なのか、その実体も判然としていなかった。そのような状況下で提唱された「遺伝子が動く」というエキセントリックな仮説は、当然誰にもまともに相手にされず、学会からも事実上無視される形となった。当時バーバラが持ち得た研究手段は、トウモロコシの交配による遺伝解析と細胞学的な染色体の観察という古典的な手法のみであり、今から考えると、その状況でどうやって彼女が「動く遺伝子」仮説にまでたどり着いたのか、想像が及ばないようなことである。その当時、誰もそれを理解しなかったとしても決して無理はない。

バーバラは独特の感性を持った女性研究者で

あった。彼女は「自分の扱っている対象が語りかけるところに耳を傾ける辛抱強さを持たねばならない」「生物と心が通い合っていなければならない」とのちに語っているが、それは研究に対する彼女の独特なスタイルをよく表している。彼女は真っ暗な闇の中にある何かに、幾度も幾度も手探りで触れ、まるでそれと一体化するように、その実体に近づいていった。そしてそれを自分の内的なビジョンに少しずつ具現化していったのだ。それは冷徹な観察と沈み込むような深い思考の繰り返しにより、原木を削って仏像を削り出すような、何か形のないところから、そこに秘められた「実体」を探り出す作業であったろう。

図15　バーバラ・マクリントック

彼女は漆黒（しっこく）の闇の中で、目を大きく見開いて対象を見据えることができる、明らかに何か突き抜けた研究者であった。この意味で、バーバラはウイルスを発見したマルティヌス・ベイエリンクとどこか同じ匂いがする。彼女にも変わり者として逸話が（批判も含めて）多く、避けがたく〝孤高〟のイメージがつきまとった。そしてベイエリンク同様、彼女も生涯、結婚することはなかった。

ベイエリンクとの大きな違いは、彼女の「動く遺伝子」仮説が、細菌を用いた研究の進展により分子としての実体が明らかにされ、１９８３年、彼女の存命中にノーベル生理学・医学賞受賞の栄に浴したことだろう。当時81歳だったバーバラは、その受賞を知らされた時、「Oh dear!（あら、まぁ！）」と一言つぶやいて、いつものように朝のクルミ狩りの散歩に出かけたという逸話が伝わっている。ノーベル賞受賞という出来事も彼女の日課を変更する理由にはならなかったということらしい。彼女の顔写真は、一目見ただけで、彼女が何かを追い求め続け、戦い続けた人であることを我々に知らしめ、その心を惹きつけ、決して放さないような魅力に溢れている（図15）。

そのバーバラが「闇」の中から、初めてその存在を見出した転移因子であるが、ウイルスとの明確な境界は、その道の専門家にとっても断言することが難しい問題を含んでいる。例として転移因子の一種であるＬＴＲレトロトランスポゾンとレトロウイルスの関係を説明したい。レトロウイルスは、たとえば薬害エイズ事件などが大きな社会問題となったことでも知られるヒト免疫不全ウイルス（Human Immunodeficiency Virus, HIV）を代表とするウイルスのグループであり、他にも成人Ｔ細胞白血病ウイルスなど、治療が難しい病気を引き起こすことで知られている。

図16に単純化したＬＴＲレトロトランスポゾンとレトロウイルスの模式図を並べて示し

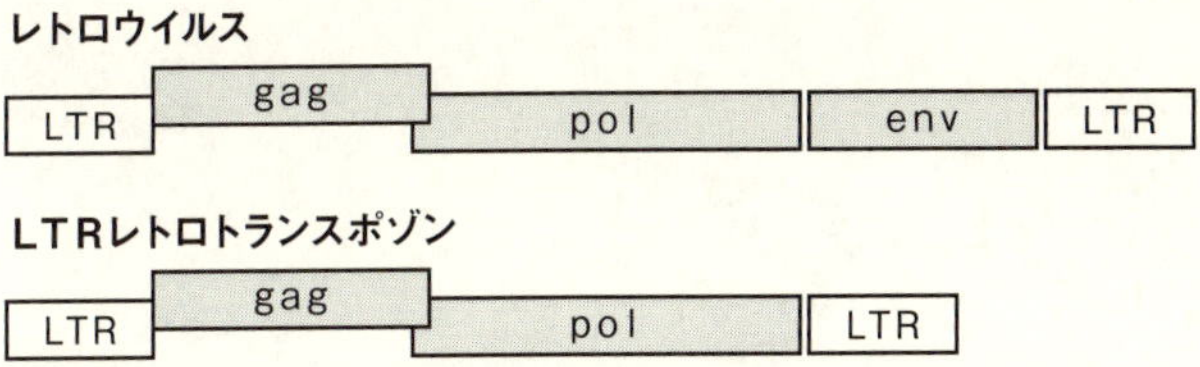

図16　レトロウイルスとLTRレトロトランスポゾンの模式図
LTR：末端反復配列、gag：構造タンパク質（キャプシドタンパク質を含む）、pol：ポリプロテイン（逆転写酵素を含む）、env：エンベロープタンパク質

たが、この二つは保有する遺伝子の名前も遺伝子構成も瓜二つであることが分かる。違いと言えば、レトロウイルスはLTRレトロトランスポゾンにはないenvという遺伝子を付加的に持つことだけである。このenvは先に紹介したウイルス粒子の外殻にあたるエンベロープを作るための遺伝子であり、レトロウイルスが感染細胞から外に出て、新たな細胞に感染するために必要なものと考えられている（図12）。図17には、両因子の転移や感染環を示したが、この二つとも自身のRNAから逆転写によってDNAを合成し、それを宿主のゲノムDNAに挿入するというプロセスを持っている。従って、一つの細胞の中での挙動は、レトロウイルスとLTRレトロトランスポゾンとの間にはあまり差がなく、エンベロープを使うことにより細胞外に出て、新たな細胞に感染できるというレトロウイルスの性質のみがLTRレトロトランスポゾンとの主要な差異である。

一般的なイメージで言えば、ウイルスという存在は病気を

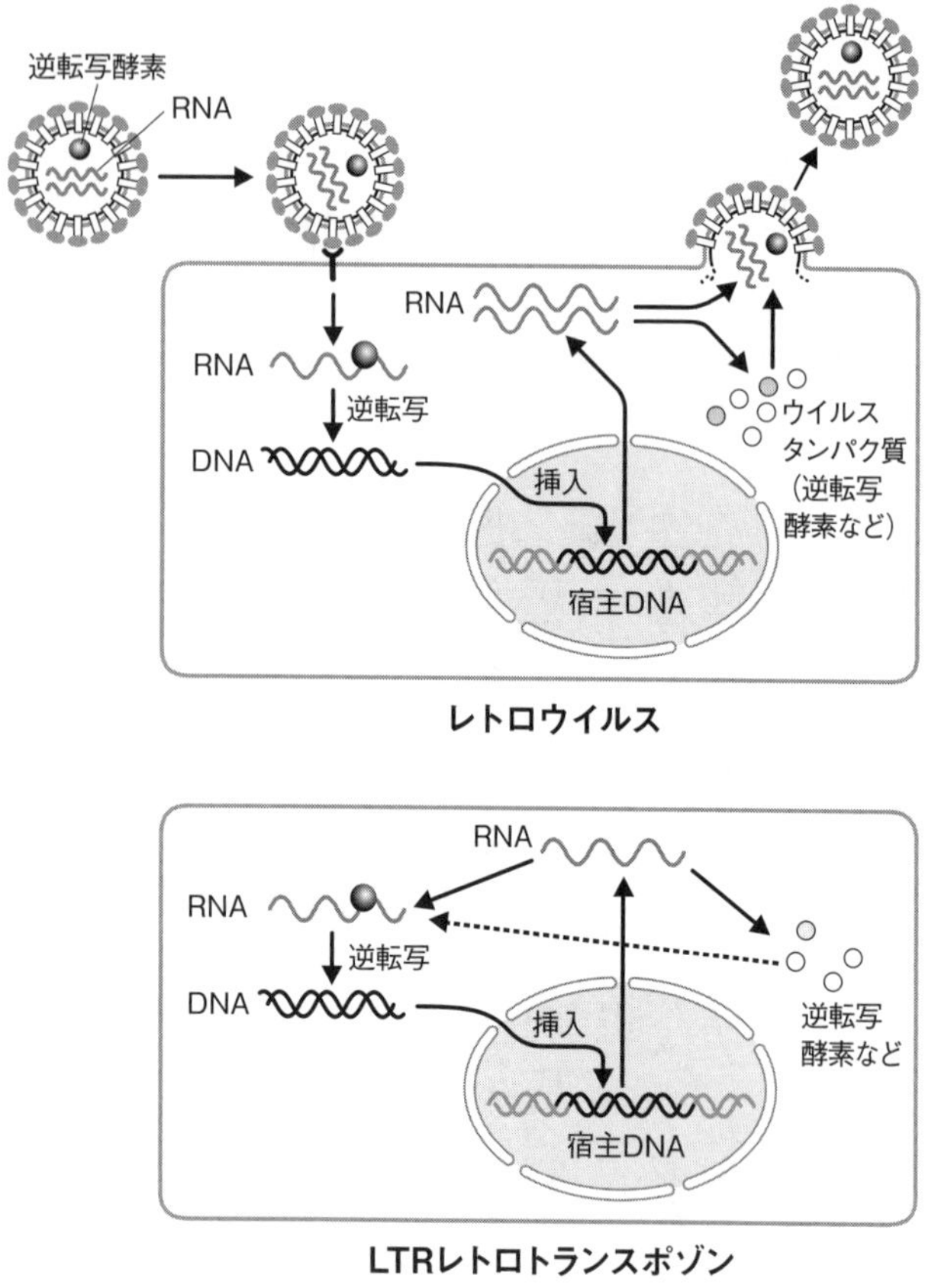

図17　レトロウイルスとLTRレトロトランスポゾンの生活環

起こし次々と新しい細胞や新しい個体に感染を繰り返す病原体である。従ってenv遺伝子を持ち新たな細胞に感染を起こすことができるレトロウイルスは確かにウイルスであり、一つの細胞内でゲノムDNA上を動くだけのLTRレトロトランスポゾンは、いくらレトロウイルスに似ていようが転移因子である。この説明は、一見、何の齟齬もなく二つのグループを明確に区別しているようにも思える。しかし、話はそう単純でもない。

例えば、いろんな生物のゲノム配列をつぶさに見ると、その中にはenvが変異したことにより壊れて機能しなくなっているレトロウイルスが多数見つかる。この場合、これらの変異ウイルスはLTRレトロトランスポゾンとしての活性は持つものの、当然、他の個体に対する感染性は持たない。では、これらの変異因子はレトロウイルスなのか、あるいはレトロトランスポゾンなのであろうか？　もし、レトロウイルスとレトロトランスポゾンの境界を、生物学的な特徴、つまり新しい細胞に感染するかしないか、ということで分けるとするなら、envの機能を失った因子はレトロトランスポゾンということになる。このルールを厳密に適用するなら、極端な話、レトロウイルスのenv遺伝子が一塩基変異しただけでも、それが機能を喪失させる変異であれば、レトロトランスポゾンである。

これはたとえるなら、ラフレシアやユーグレナ（ミドリムシ）等が植物なのか？　という分類上の問題と似ている（図18）。植物と言えば、葉緑体を持って光合成を行う独立栄養生[*10]

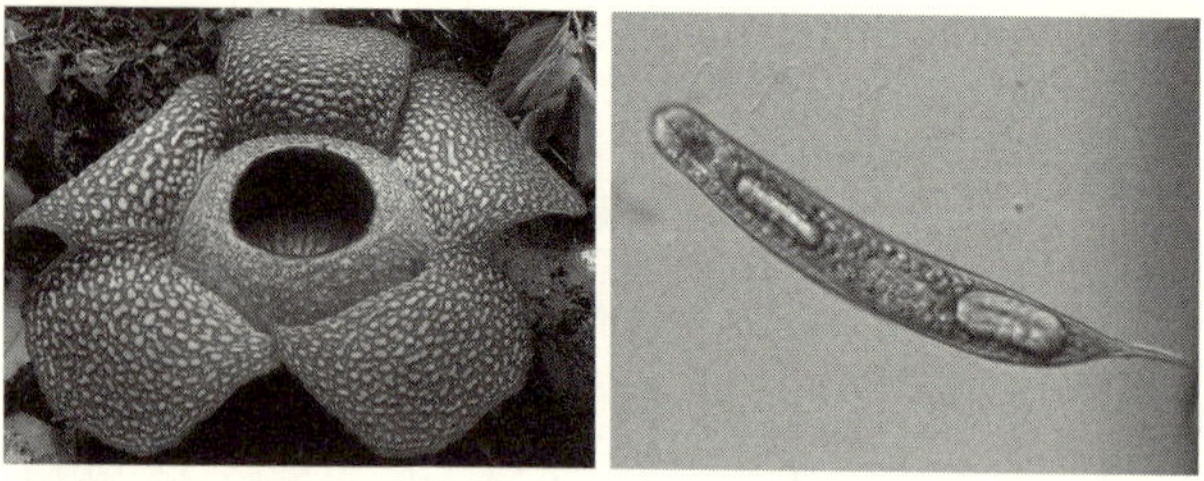

図18　ラフレシア（左）とユーグレナ（右）
写真は、Rendra Regen Rais氏（左図）、および月井雄二先生（法政大学）（右図）のご厚意による

物というイメージがあるが、ラフレシアはあんなに大きな花を咲かせるにもかかわらず葉緑体を持っておらず光合成もしない。どうやって生きているのかと言えば、ミツバカズラというブドウ科の植物に寄生して、そこから養分を吸い取って従属栄養生物として生きている。一方、ユーグレナは動物のように動く微生物であるが、葉緑体を持ち光合成を行うことが出来る。従って、光合成をする生物を植物とするなら、ラフレシアは植物ではなく、ユーグレナは植物ということになる。

ただ、通常の生物（ウイルスを含む）の体系的な分類であれば、感染する／しない、光合成する／しない等の特定の生物学的特徴だけに頼るのではなく、たとえばリボソームRNAのような多くの生物が共通して持っている遺伝子配列の類似性から進化的な関係を解き明かす、分子系統解析という手法が用いられる。これは進化的な関係が近ければ、保有する遺伝子の配列も似ているはずだという考え方に基づき、遺伝子配列（タンパク質のアミノ酸配列が用いられる場合もある）の類似性を数値化することで、系統関係を推定する方法である。この方法を用いれば、たとえばラフレシアは光合成をしなくても植物に分類されるし、ユーグレナの場合は、エクスカバータという植物でも動物でもない分類群に属することになる。このような分類方法が、特定の生物学的特徴に注目して分類する方法より、進化的な関係をより正確に表していると考えられている。

では、この手法を用いて昆虫と哺乳類のレトロウイルスとLTRレトロトランスポゾンの系統解析を行うとどうなるのだろうか？　図19にこれらの因子が持つ逆転写酵素の配列（図16参照）に基づいた解析結果を非常に単純化して示したが、面白いことにレトロウイルスとLTRレトロトランスポゾンが、まず大きく分かれるのではなく、昆虫の因子と哺乳類の因子とが大きく分かれた後に、それぞれの中にレトロウイルスとLTRレトロトランスポゾンが存在するという関係になる。

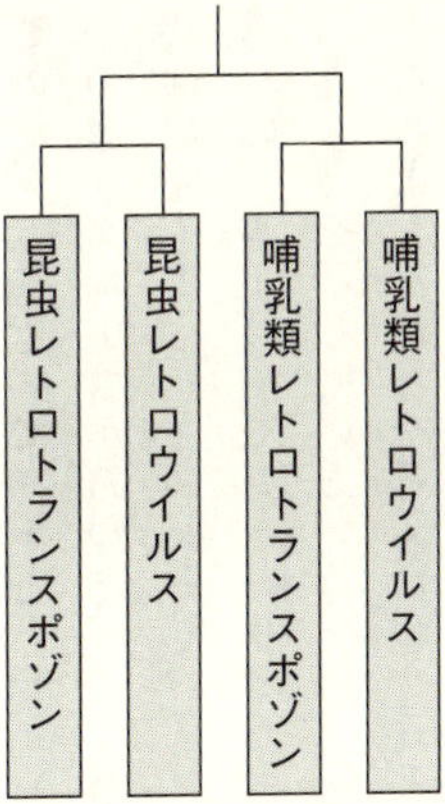

図19　レトロウイルスとLTRレトロトランスポゾンの系統関係

逆転写酵素配列の解析データはMcCarthy & McDonald (2004) およびBao et al. (2010) を参照

この結果は進化的に考えると元々レトロウイルスとＬＴＲレトロトランスポゾンという二つの違うグループがあった訳ではなく、レトロウイルスとＬＴＲレトロトランスポゾンの共通祖先のようなものがあり、それが昆虫と哺乳類の進化に合わせて分化した後に、それぞれのグループ内でレトロウイルスになったり、ＬＴＲレトロトランスポゾンになったりしたことを示している。

このようなことを考え合わせるとレトロウイルスとＬＴＲレトロトランスポゾンは系統的な意味では一つの集団という理解が正しいように思える。つまりレトロウイルスは細胞外に出るようになったＬＴＲレトロトランスポゾンとも言えるし、ＬＴＲレトロトランスポゾンを細胞から出ないレトロウイルスという風に考えることも出来る。ウイルスは宿主に病気を起こす非細胞性の因子という属性から研究が開始され、転移因子はゲノムの中でその存在場所を変える（あるいは新たに場所を増やす）という属性に着目して研究がなされてきた。これらの関係は決して排他的になっておらず、重なってしまうことは論理的にあり得るのである。

このレトロウイルスとＬＴＲレトロトランスポゾンの関係は極端な例ではあるが、近年見つかったマーベリックやポリントンと呼ばれるＤＮＡ型の転移因子たちもＤＮＡウイルスに限りなく類似しており、ここで述べたことと同様の問題が発生している。しかし、また一方、転移因子の中には、明らかにウイルスとは異なるように見えるものが存在しているのも事実であり、すべてを一つのグループにすることも難しい。さて、その境界をどこで引くのか？　1・5cmを許せば1・6cmが、1・6cmを許せば1・7cmがという「丸刈りのパラドクス」が、ウイルスと転移因子の間には存在している。

ウイルスの境界領域　その2　——キャプシドを持たないウイルス

ウイルスを特徴づける構造として、どんな教科書にも、ウイルス核酸がそれを保護するタンパク質からなるキャプシドに包まれている、と説明されている。それはウイルス粒子を構成するキャプシドが、決定的なウイルスの特徴の一つと考えられてきたということでもある。しかし近年、驚くべきことにこのキャプシドを持たないウイルスという存在が認められるようになってきている。

古くから植物や真菌[*11]の細胞質には、外来のものと考えられる種々のRNA、特に二本鎖RNAが高頻度で存在することが知られていた。それらの大部分はウイルスとして同定されていくことになったが、面白いことにその多くが「普通のウイルス」のように、特定の病気の原因になったり、宿主の生育不良を起こしたりということをせず、一見すると特に害も益ももたらさない存在のように見えることである。もちろん宿主の生育阻害や、胞子形成の低下、色素合成の低下といった目に見える「病徴（びょうちょう）」を引き起こすウイルスもいるにはいるのだが、病気を起こさない無病徴ウイルスというものが植物や真菌には相当数存在している。また、特に真菌で見つかったウイルスで顕著だが、これらには感染力がないか、あっても極めて弱いものが多い。つまりウイルスを純化して、ウイルスを持たない宿主細胞と混ぜ合わせるようなことをしても、新たな感染が起こらない。ではどうやって、そんな〝お上品な〟ウイルスが宿主集団内で維持されているのだろうか？　実は真菌のかなりの部分では他の個体と菌糸を融合させ、遺伝子の交換を行う菌糸融合という現象が起こる。つまりウイルスもその際に他の個体に伝搬されることが可能であり、その機会をじっと待てば、わざわざ宿主の細胞を壊して外に出るようなことをしなくても済むのだ。

この感染性もはっきりしないし、感染しても病気も起こさない、そんなウイルスの風上にもおけないようなウイルスたちの研究から、キャプシドを持たないウイルスの多くが発見されている。キャプシドを持たないというのは、ウイルスとしては異端的な特徴と言えるが、少なくとも異なった4科のウイルスに属するものが知られており、決して例外的な存在という訳ではない。真菌、植物に加え、分類学的には大きく異なる卵菌類[*12]からも発見されている。これらキャプシドを持たないウイルスの遺伝子配列を用いて先に述べた分子系統解析を行うと、その多くがキャプシドを持つ普通のウイルスと近縁であることが判明した。つまり進化的にみると、元々はキャプシドを持った普通のウイルスだったものが、細胞外に出て新たな宿主に感染するという生活環を失ったか、その頻度が低くなってしまったが故に、ついにはキャプシドも失ってしまったのではないかという風に思える。部屋の外に出て行かないのなら、雨に濡れる心配もなく、レインコートは要らないのだ。

このように細胞質にずっと存在し、増殖し得る核酸性の因子としては、プラスミドが知られている（図20）。プラスミドは1950年代に細菌で発見された、染色体DNAとは独立して自律的に複製を行うという特徴を持った遺伝因子である。プラスミドはこれを保有すると抗生物質に耐性となったり、細菌の交配である接合が出来るようになるなどの現象から発見された。では、こういった細胞質に存在するプラスミドと感染性も病原性もキャプシドも持たないウイルスには、何か本質的な差があるのだろうか？

現在、キャプシドを持たないウイルスが、ウイルスの仲間として認められているのは、保有している遺伝子の配列から、普通のウイルスと系統的に同じ祖先に由来していると考えられるからである。しかし、現実的にはこれらの因

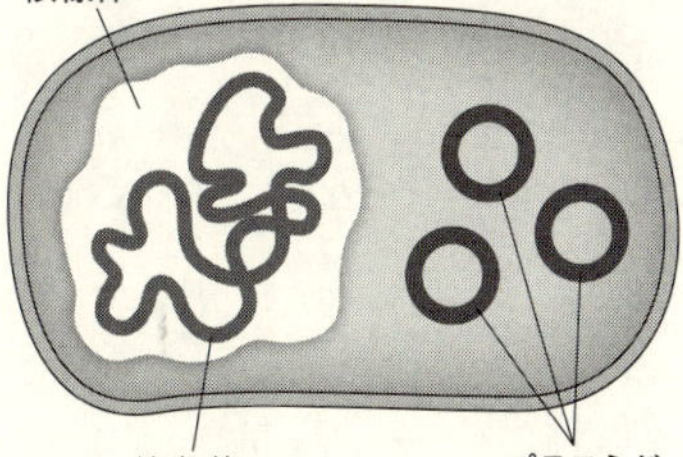

図20　細菌の細胞とプラスミド

子の多くは、すでに所謂（いわゆる）「ウイルス的」な特徴を欠いており、細胞質で自律的に複製して維持されるプラスミドとあまり変わらない存在となっている。現在プラスミドに分類されているものの中にも、保有する遺伝子がＤＮＡウイルスと同祖であると考えられているものも存在しており、同じ論理を適用するなら、そのようなプラスミドもウイルスと見なさなければならなくなる。ここでもその境界は実に曖昧である。

ウイルス、転移因子、そしてプラスミド。これらの因子たちは、発見の経緯やよく研究されてきた典型的なメンバーの性質からくる印象の違いはあるものの、実際には一つながりとなっている。転移因子にしてもウイルスにしても、本質的に重要なことは安定して子孫（自己のコピー）を残すことであり、病気を起こすことや転移すること、それ自体では恐らくない。従って感染性を失っても、転移能を失っても、何らかの手段で安定して子孫を残すことが出来る環境が与えられれば、それに適応した形での〝進化〟が起こり得るのだ。言うまでもなく、人間の作った仕切りの枠内に収まるか、収まらないかは、因子たちにとってはどうでも良いことであり、ウイルスと呼ばれようが、転移因子と呼ばれようが、プラスミドと呼ばれようが、結局の所、安定して増殖し子孫を確実に残していったものが、ただそのようにして現在も増えて存在している。恐らくそれ以上でも、それ以下でもないのだ。

注釈

＊6　**リボソーム**　DNA上の遺伝情報からタンパク質を合成する細胞内の複合体。数十種のタンパク質と数種のRNAから構成されている。核DNAから転写されたメッセンジャーRNAの情報に基づいてアミノ酸を順番に結合することで、目的のタンパク質を合成する。

＊7　**ゲノム**　古典的には、木原均によって「生物をその生物たらしめるのに必須な最小限の染色体セット」と定義されたが、近年ではある生物が核染色体に持つ全ての核酸配列情報のことを指すことが多い。ウイルスの場合にも、保有するすべての核酸情報を指してウイルスゲノムと呼ばれる。

＊8　**ウイルス粒子**　ウイルスのゲノム核酸を含む複合体全体を指す。単純なウイルスでは、ゲノム核酸とキャプシドタンパク質のみでウイルス粒子が構成されているが、エンベロープなどの付加的な構造を持つウイルスでは、それらを含めてウイルス粒子と呼ばれる。

＊9　**一本鎖RNA**　single stranded RNA（ssRNA）とも呼ばれる。ssRNAをゲノムとするウイルスは、ウイルスゲノムをそのままメッセンジャーRNAとして使用できるプラス鎖RNA（＋ssRNA）ウイルスと、その相補鎖をゲノムとするマイナス鎖RNA（−ssRNA）ウイルスの二つに大きく分類される。

＊10　**独立栄養生物**　無機化合物から、光や化学エネルギーを利用して、自力で有機化合物を合成して生活する生物を独立栄養生物と呼び、それら独立栄養生物から様々な形で有機物を受け取ることで生活する生物を従属栄養生物と呼ぶ。

＊11　**真菌**　真核生物の大きなグループの一つ。比較的、下等な真核生物と考えられており、多くは多細胞生

物だが一部は単細胞である。キノコ・酵母・カビなどを含む。

＊12 **卵菌類** 五界説では、「原生生物」に分類されていた下等真核生物。現在の分子系統解析に基づいた分類ではストラメノパイルという分類群に属している。微生物であり、植物の病原菌として知られている。

第3章

宿主と共生するウイルスたち

エイリアン

２０８７年、宇宙貨物船ノストロモ号は、資源鉱石２０００万トンと７名のクルーを載せて、恒星ゼダスから地球への帰還の途に就いていた。その途中、ノストロモ号は未知の異星文明からと思われる電波信号を傍受する。その発信源の惑星ＬＶ－４２６に降り立ったクルーたちが見つけたものは、謎の宇宙船と腹部に損傷を受けた宇宙人の亡骸だった。その近くには、巨大な卵のような物体が無数に存在しており、奇異に思ったクルーの一人がその一つを不用意に覗き込んでしまう。その瞬間、蜘蛛(くも)に似た奇怪な生物が卵のような物体の開口部から飛び出し、彼の顔面に張り付いてしまった。

その蜘蛛のような生物に張り付かれたクルーは、口も鼻も塞がれ、昏睡状態に陥るが、その生物はクルーの体に空気を送り込んでおり、一命は取りとめる。そして幸いなことに数日後には、その生物は死んではがれ落ち、昏睡状態だったクルーも無事に回復した。しかし、そのクルーの体には、実はその異様な生物の幼生が産み付けられており、彼の体内で成長した生物が、やがてクルーの腹部を破り、飛び出して来るのだった。

これは１９７９年に公開されたＳＦホラー映画『エイリアン』の序盤シーンである。すでに30年以上も前の映画であるが、テレビでも何度も放映され続編も出ているから、ご存じの方も多いかも知れない。公開当時、私は中学生だったと思うが、エイリアンがクルーの体から飛び出てくる映像は大変衝撃的なもので、その恐怖が映画を見た後もしばらく頭から離れなかったことを覚えている。

この映画の中に出てくるエイリアンの生態には、恐らくモデルがある。そう、つまりこのエイリアンと同じように、他の生き物の体内に寄生して飛び出して来る生物がこの地球上に存在しているのだ。まったくもって恐ろしいことである。その生物とは、体長が数ミリから数センチほどの一群の寄生バチだ。この小さな「エイリアン」の代表的なグループがコマユバチだが、その多くが他の昆虫の幼虫(イモムシ等)に寄生する。ここではよく研究が進んでいるカリヤコマユバチの例を中心に紹介するが、その生態は〝驚異〟の一言である。

カリヤコマユバチの寄主となる可哀想な犠牲者は、トウモロコシやイネ等の主要な害虫であるアワヨトウという蛾の幼虫だ。ヨトウ(夜盗)という名は、一夜で作物が盗まれてしまったような食害があることから付けられており、農家にとっては大敵の害虫である。産卵期のカリヤコマユバチは、このアワヨトウの幼虫を見つけると、腹部を折り曲げて飛翔し、針のような産卵管を相手に差し込んで、一度に数十個の卵を産み付ける。この間、わずか数秒のことで、その様はあたかも軽やかに舞う剣士のようである（図21）。その卵はアワヨトウの体内で孵化（ふか）し、エイリアンのように寄主から養分を摂取して成長し、孵化から約10日後に、成熟幼虫（三齢幼虫）がアワヨトウの体内から脱出してくる。例の恐怖のシーンである。しかし、現実はSFホラー映画より、さらに巧妙で不気味な話となっている。

このコマユバチが脱出する時期になると寄主のアワヨトウは様々な奇妙な行動を取るよ

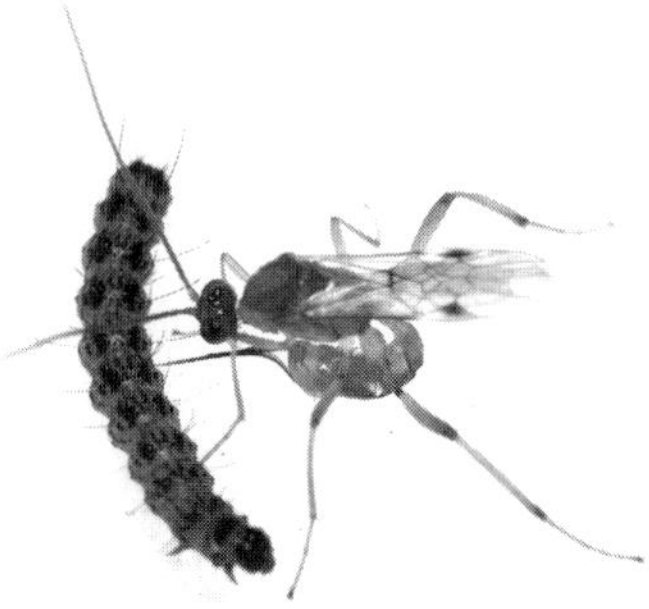

図21　寄生バチが寄主に産卵する様子

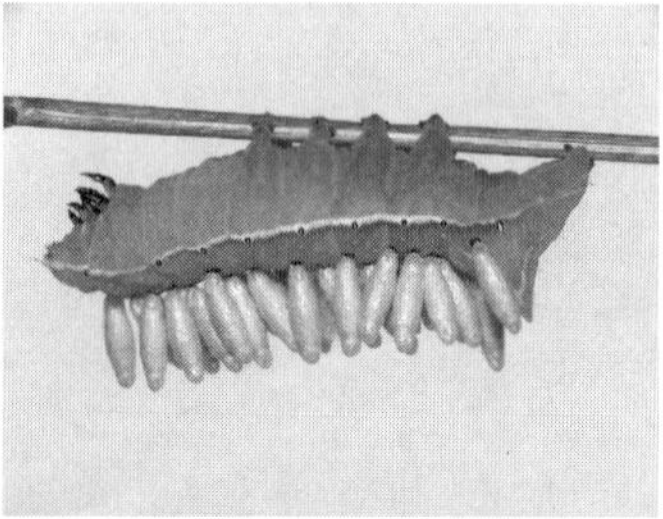

図22　寄主（オオシマカラスヨトウ）から脱出して、寄主上で蛹となった寄生バチ（サムライコマユバチの一種）幼虫

図21、図22の写真は杉浦真治先生（神戸大学）のご厚意による

うになる。アワヨトウはその名の通り本来夜行性であり、昼間は土の中などに隠れて、夜になると植物に登ってくるという習性を持っている。これは鳥や寄生バチなどの昼行性の天敵から逃れるための習性だと考えられている。しかし、カリヤコマユバチの幼虫が体外に出てくる時期になると、まるでコマユバチに操られたようにアワヨトウは昼間に植物の葉の上に移動し、そこで静止する。そしてその葉の上で、たくさんのコマユバチの幼虫がアワヨトウの体表を破って出てくることになる（図22）。不思議なことには、アワヨトウの幼虫は体表を食い破られているにもかかわらず暴れることもなく、ハチが出てくる間、痛みを感じないかのようにじっと動かない。また、普通に考えれば、体表を破られたアワヨトウからは体液が漏出し、そこで絶命しそうなものである。実際、映画の『エイリアン』ではそうであった。しかし、アワヨトウの幼虫からは体液が出てくることはなく、そこで絶命することもない。一体、何が起こっているのだろう?

この巧妙なカリヤコマユバチ幼虫の脱出劇は、脱出前の準備から始まる。脱出する直前にカリヤコマユバチは二齢幼虫から成熟幼虫となるための脱皮をする。この際に出来た脱皮殻が脱出に際して重要な役割を果たすことになる。カリヤコマユバチの幼虫はこの脱皮殻を利用して自分の周りを覆う脱出用のカプセルのような構造を作り上げるのだ（図23）。そしてそのカプセルごと体外へ向かって移動し体表を破って出てくるが、頭が出た所で今

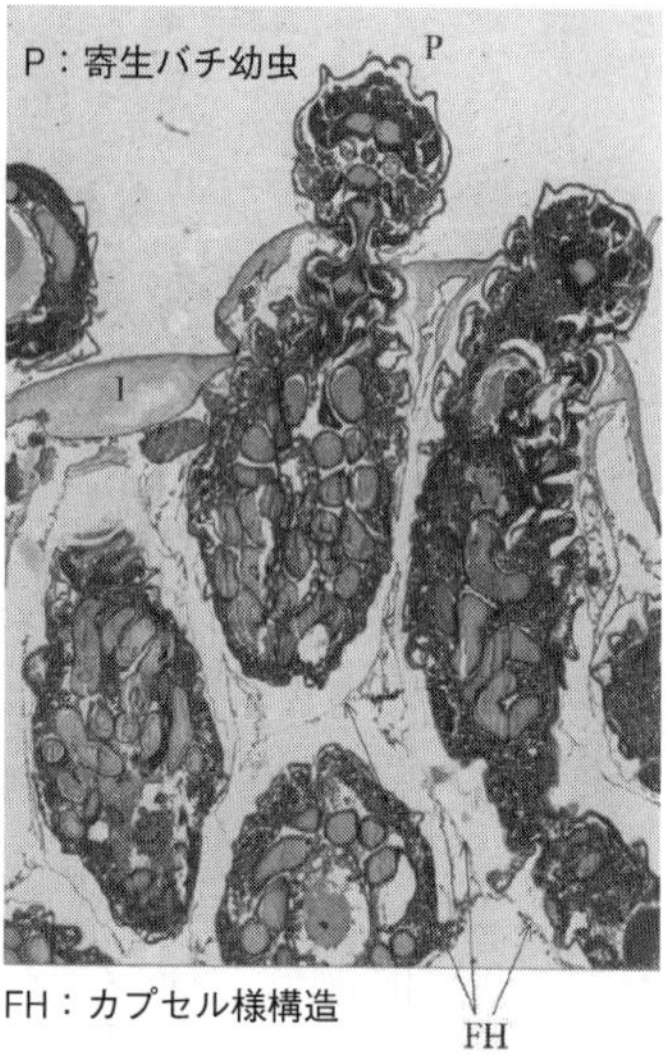

図23　寄主から脱出する寄生バチ幼虫の電子顕微鏡図
原図はNakamatsu *et al.* (2007) より引用

度はそのカプセルを破り、その中身の成熟幼虫だけが脱出して体外へと出て行く。つまりカプセルはアワヨトウ体内に残されることになるが、これがちょうど体表に開いた開口部を塞ぐ蓋の役目を果たし、体液が外に漏れることがない。実に巧妙な仕組みである。

寄生バチ幼虫が寄主を殺さずに体外に出てくるという現象は、カリヤコマユバチに限らず、多くの寄生バチ—寄主の関係でみられるのだが、残念ながらこれらは決して、寄生バチの寄主に対する優しさではない。例えば、カリヤコマユバチの場合は、アワヨトウから脱出した成熟幼虫たちは、脱出した植物体上で繭を作りその中で蛹（さなぎ）となる。では、生き長らえたアワヨトウの幼虫の方はというと、最後の力を振り絞るようにその場を離れ、時には植物の葉から落下して、そこで絶命することになる。これはカリヤコマユバチの繭の周囲にアワヨトウの死骸があると、微生物が繁殖し繭を汚染するので、それを避けるための行動だと言われている。他の寄生バチ—寄主関係でも、同様に死にかけの寄主が利他的な行動を見せる例は多い。例えば、モンシロチョウの幼虫に寄生するアオムシコマユバチの例では、死にかけの寄主が糸を吐いてコマユバチの繭を作る手伝いをする。また、クモヒメバチに寄生されたギンメッキゴミグモは、寄生バチの蛹のためにクモの網を張って死んでいくのだが、その網は通常クモが作る網の30倍の強度を持った特殊な網であることが分かっている。ずいぶんと手厚いサービスで、まったくもって意味が分からない。

これら一連の寄主の行動は、完全に寄生バチに操られているとしか思えない。たとえ寄生バチの幼虫が体内に残っていたとしても、どうやって操っているのか不思議な現象だが、大半の幼虫が体内から脱出した状態でもそれが続くのである。これをエイリアンの映画に置き換えてみると、エイリアンが飛び出した後の死にかけの人間を、エイリアンが操っているということになる。もうオカルトの世界である。このゾンビを操るようなことを可能にする機構は、現在まったく不明であり、現実の生物は人間の想像力を遥かに超えた存在であることをつくづく痛感させられる現象である。

ポリドナウイルス

ここまで述べた寄生バチと寄主の生態的な関係は、それだけで充分に驚嘆に値する不思議に満ちているが、実はこの関係の成立に重要な役割を果たしているのが、ポリドナウイルスという、これまた奇妙なウイルスなのである。このポリドナウイルスは、ウイルスとは呼ばれているものの、これから紹介していくようにその振る舞いは通常のウイルス感染とは一味も二味も違う、実に独特なものである。

前項で述べたが、寄生バチの卵は寄主の体内に産み付けられるが、私たち哺乳動物が様々な免疫機構を持っているように、昆虫にも寄生者から身を守るために、異物を排除する仕組みが備えられている。昆虫は自然免疫[*13]と呼ばれる生体防御機構を有しており、寄生バチの卵のような大型の異物に対しては、顆粒細胞[*14]とプラズマ細胞と呼ばれる二つの免疫系の血球細胞が異物に結合して周囲を取り囲むような反応が見られる。通常の侵入者に対しては、これらの細胞が体内で層状の包囲網を作って撃退する。しかし、寄生バチの卵が産み付けられた場合には、なぜかそういった免疫反応が充分に起こらない。では、寄生バチはどうやって寄主の免疫機構の監視から逃れているのだろうか？

その少なくとも一つの重要な要因が、寄生バチが持つポリドナウイルスの存在なのであ

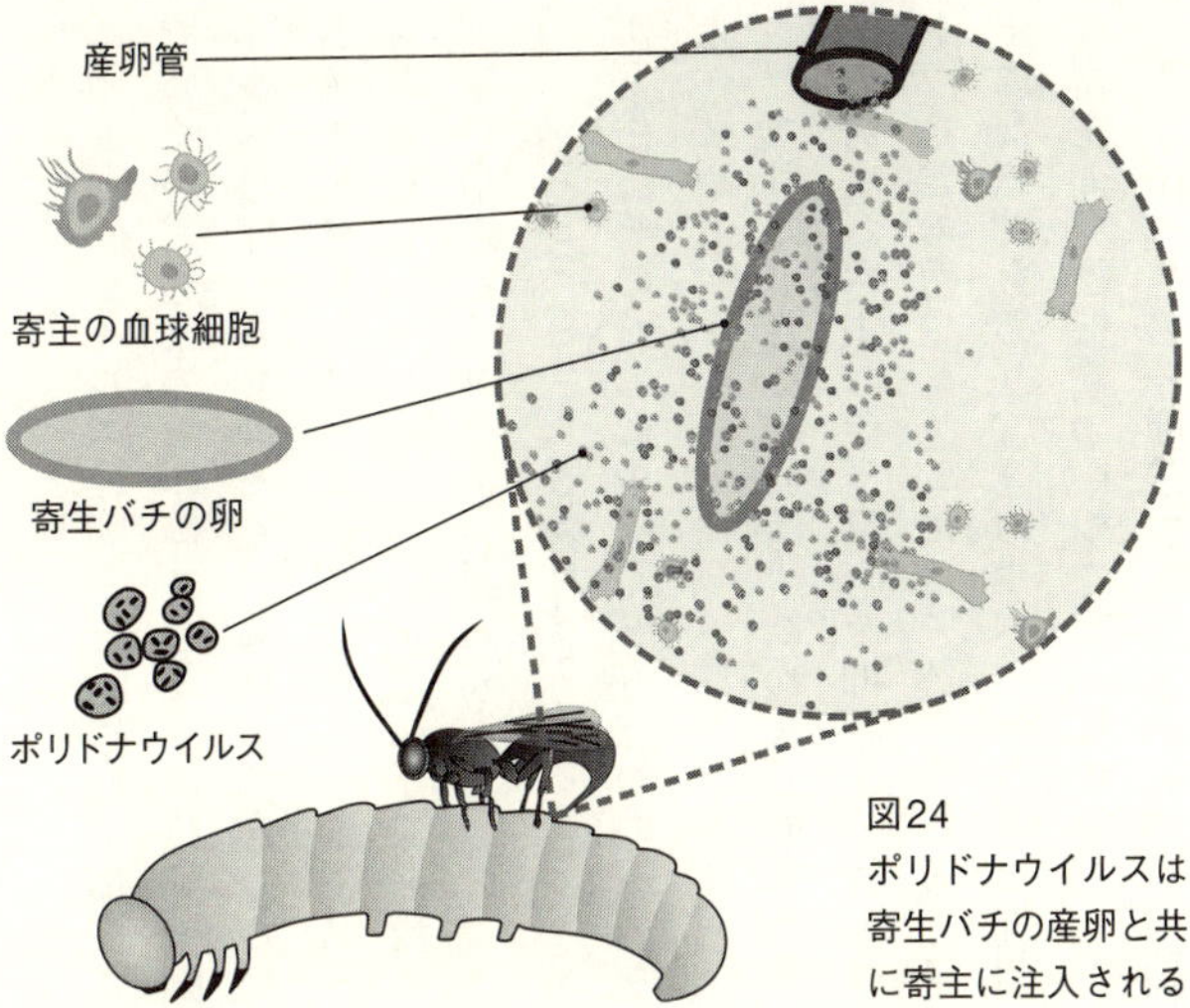

図24
ポリドナウイルスは寄生バチの産卵と共に寄主に注入される

る。ポリドナウイルスは寄生バチが保有するウイルスであるが、メスの卵巣にあるカリックス細胞という限られた部分でのみ増殖し、寄生バチの成育に悪影響を与えることはない。このウイルスは寄生バチの産卵の際に、卵と同時に寄主体内へと注入される〝毒液〟と呼ばれる液体の成分の一つとなるが(図24)、このウイルスが毒液内に存在することは、寄生バチ幼虫が寄主体内で成長するために必須であり、これを取り除くと寄生できなくなる。つまりポリドナウイルスは寄生バチが持つウイルスであるが、そのウイルスとしての真価を発揮するのは寄生バチの中ではなく、卵が産み付けられた先であるアワヨトウのような寄主の中である。

ポリドナウイルスは卵と一緒に寄主体内に注入された後、寄主のいろんな細胞に感染していくが、通常のウイルスのように感染細胞内で増殖することはない。感染後には子孫ウイルスを作るのではなく、前章で紹介したレトロウイルスのように、ウイルス粒子内のDNAを核に移行させ、寄主のゲノムDNAへと入り込んでいく。そして寄主のゲノムDNAからウイルスが持っていた遺伝子を発現させ、その産物であるタンパク質を寄主体内で生産し始める。研究が最も進んでいるコマユバチの一種*Cotesia congregata*やヒメバチの一種*Campoletis sonorensis*の例では、この寄主ゲノムに入り込んだポリドナウイルスが寄生バチのために少なくとも二つの重要な働きをしていることが、これまでに明らかとなっている。

一つ目の重要な働きは、これまで述べてきたように、産み付けられた寄生バチの卵・幼虫に対する寄主の免疫反応を抑制することである。ポリドナウイルスの感染によりアワヨトウなどの寄主ゲノムに持ち込まれる遺伝子数は、ウイルスの種類にもよるが100個以上になる例もあり、そのすべての機能が判明している訳ではない。しかし、そのいくつかは寄主の免疫機構の中枢を攻撃していることがすでに明らかとなっている。例えば、ポリドナウイルスの一種CsIVが感染した寄主細胞ではアミノ酸のシステインを多く含むCysフアミリーと呼ばれる一群のタンパク質が多量に検出される。このウイルス由来のタンパク質は、寄主の細胞性免疫の中枢である顆粒細胞などに結合し、その免疫細胞としての機能を破壊してしまう。またより強力な作用としては、いくつかのポリドナウイルス由来のタンパク質が、顆粒細胞のアポトーシス（細胞の自殺）を誘導することも示されている。免疫機構の主力細胞が自殺してしまうのだから、免疫も何もあったものではない。

さらにVankyrinと呼ばれるポリドナウイルスの持つタンパク質は、NF-κBという無脊椎動物から哺乳動物まで広く保存された自然免疫の中心をなすタンパク質をターゲットとして、その活性を阻害する。このNF-κBというタンパク質は、遺伝子の発現制御を行う重要な機能を持っており、特に異物に対する免疫応答に必要な多くの遺伝子発現を制御することが知られている。従って、NF-κBという中心的な役割を果たすタンパク質の機能が阻害されれば、他の多くの免疫関連遺伝子の発現に異常が生じ、正常な免疫反応は当然起こらない。このようにポリドナウイルス由来のタンパク質は、寄主の複数の免疫機構を階層的にターゲットとすることで、効果的な免疫抑制を導いている。

もう一つのポリドナウイルスの役割は、寄主の変態の阻止である。寄主となるアワヨトウの幼虫等の所謂「イモムシ」は通常何度か脱皮を繰り返した後、蛹となり羽化して成虫になっていく。しかし、寄生バチの成熟幼虫は寄主の体表を破って脱出していくため、蛹のように体表が固くなってしまうと脱出がうまくいかない。また、蛹になってしまうと、前述したように脱出後の幼虫にもう一働きしてもらうことも期待できなくなる。従って寄生バチとしては、自分たちが脱出する前に蛹になって欲しくない。この寄生バチのわがままな要求を実現するためにポリドナウイルスが一役買うのである。

昆虫の変態は、エクダイソン（脱皮ホルモン）と幼若ホルモン（ＪＨ）によって制御されていることがよく研究され知られている。エクダイソンは脱皮や蛹化といった昆虫の成熟化を促進し、ＪＨは逆にそれらを抑制するホルモンであるが、この二つのホルモンのバランスにより昆虫の蛹化などがコントロールされている。ところが、ポリドナウイルスが感染した寄生幼虫では、蛹化が起こる時期になってもＪＨを作り続け、ＪＨを分解する酵素の活性も十分に高くならない。その結果、本来なら蛹化するはずの幼虫が蛹化しないことになる。この昆虫ホルモンの異常もポリドナウイルスが引き起こしている。

これまで述べてきたようなポリドナウイルスと寄生バチの連係プレーは実に見事であり、通常感染して宿主に病気を起こす存在であるウイルスとは、まったく違った働きをする。ポリドナウイルスは、その宿主である寄生バチにおいてではなく、寄生バチの寄主であるイモムシなどの体内に注入された後に「ウイルス的に振る舞う」。寄生バチにとっては、ポリドナウイルスは、明らかに敵ではなく味方であり、一種の共生関係にあると考えられている。ポリドナウイルスは宿主と「共生するウイルス」なのである。

不思議に満ちたポリドナウイルスの起源

ポリドナウイルスと寄生バチの生活環は、これまで述べてきたように極めて巧妙で驚くべきものであるが、この不思議な話にはさらに続きがある。ポリドナウイルスのウイルスとしての奇妙さで言うなら、実はここから話が始まると言っても過言ではない。

ポリドナウイルスという名前は、多数を意味するpoly（ポリ）という接頭語とDNAをくっつけたpolyDNAに由来しており、その名の通りウイルス粒子には、多数の環状DNA分子が含まれている。その数はウイルスの系統により異なるが、30〜100個にも上る。ゲノムの核酸が複数の分子からなる「分節ゲノム」という形態はウイルスでは決して珍しくないが、ここまで数が多いものは他に例がない。近年になって、いくつかのポリドナウイルス系統において、ウイルス粒子に含まれるこれら多数のDNAの全塩基配列が決定されたが、そこには奇妙な特徴が見られた。それはウイルスであれば当然持っていると考えられる自己複製のための複製酵素やウイルス粒子を作るキャプシドタンパク質などの遺伝子がどこにも見当たらないのだ。前項でポリドナウイルスは感染した寄主細胞内で増殖しないと書いたが、それもしかるべしである。増殖しようにも、それをするための遺伝情報がウイルス粒子の中に含まれていなかったのである。

狐につままれた様な話であるが、ではどうやってポリドナウイルスは増殖し、ウイルス粒子を形成するのだろうか？　フランス国立科学研究センターのアニー・ベジェらは、ポリドナウイルスが増殖している寄生バチの細胞に、その謎を解くカギがあるはずだと考え、卵巣（カリックス細胞）における詳細な遺伝子発現解析を行った。その成果は2009年の『サイエンス』に発表されたが、そこでは確かにウイルスDNAには見られなかったキャプシド等の遺伝子が多数発現していた。それらウイルス関連遺伝子は、一体、どこからやって来たのか？

その謎の答えは、寄生バチのゲノムDNAにあった。ウイルスDNAには含まれていなかったウイルス増殖に必須なRNAポリメラーゼ[*15]、キャプシドやエンベロープタンパク質等の遺伝子は、なんと寄生バチのゲノムDNAにコードされており、ポリドナウイルスはそこから供給されるタンパク質により寄生バチ細胞で増殖していたのだ。実は2009年以前にもウイルスタンパク質の一部が寄生バチゲノムにコードされているという報告はあったのだが、ベジェらの体系的な解析により、ポリドナウイルスの増殖に必要と想定される遺伝子群は、ほぼすべて寄生バチゲノムにあり、それらが特定のゲノム領域に比較的集中して存在していることが明らかにされた（図25）。

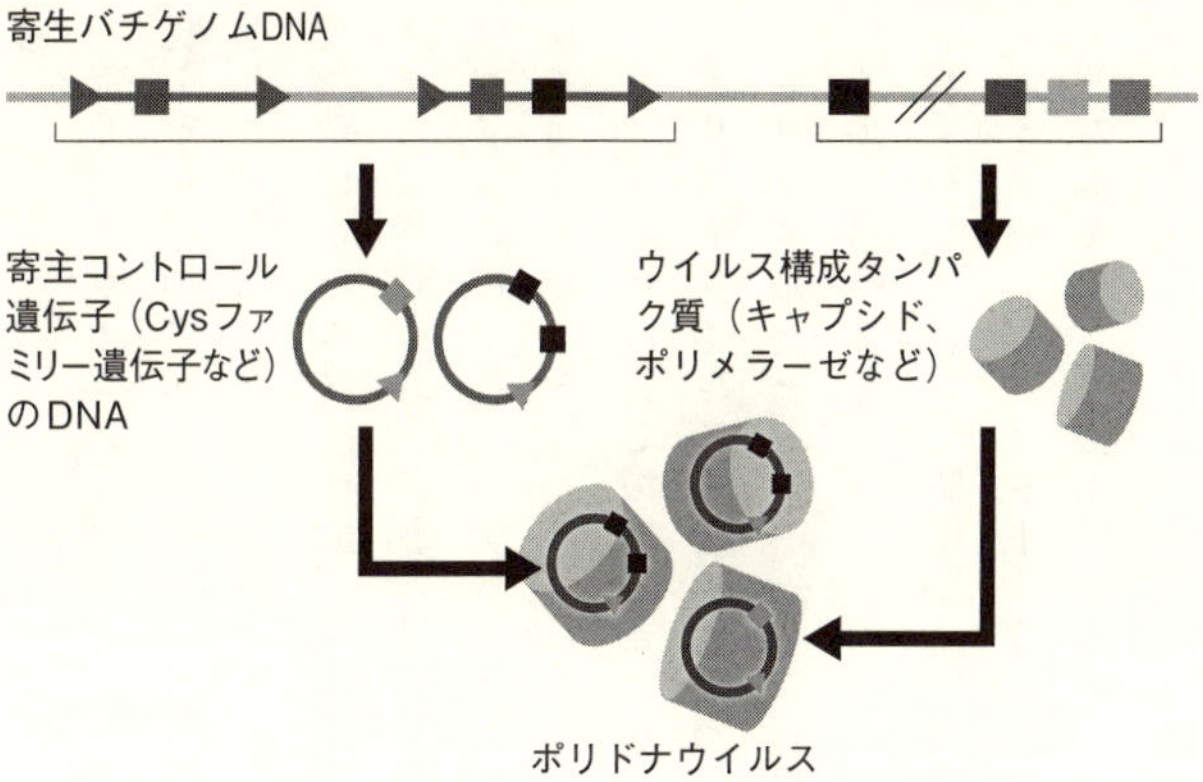

図25　ポリドナウイルスは寄生バチのゲノムDNAから作られる

このようなポリドナウイルスの存在は、一体、どう考えたら良いのだろう？　寄生バチゲノムから発現してきた遺伝子でウイルス粒子を作るが、逆に言えば、寄生バチ細胞の中でしかポリドナウイルスは増えることは出来ない。そして、そうして「増殖した」ウイルス粒子の中には、寄生バチが寄主をコントロールするために必要な寄生バチの遺伝子ばかりが取り込まれ、寄主体内へと送り込まれることになる。このためポリドナウイルスは寄主へと移ると増殖もせず他の寄主個体へと感染することもなく、その寄主が死ぬと同時に、ウイルスも子孫を残すことなく死滅していく。寄生バチのためには働くが、自己の子孫は残さない。どこか自己犠牲的な感もあり、見た目はウイルスのようでも、まったくウイルスらしくない振る舞いである。

ポリドナウイルスは、本当にウイルスなのか？　寄生バチが自分に都合の良いタンパク質を寄主の中で作らせるための、単なる分子装置ではないのか？　こういった疑問が出てくるのは当然であり、実際、それは長年の議論の的でもあった。しかし、ベジェらの論文で複数のウイルス関連遺伝子が同定されたことにより、この議論にも終止符が打たれた感がある。それは同定された遺伝子群の配列解析から、これらがなべて昆虫に感染するDNAウイルスの一種、ヌディウイルスに由来することが示唆されたからだ。これはポリドナウイルスの粒子を作っているタンパク質群が、昆虫由来の分子装置ではなく、まぎれもなくウイルスに由来していることを示していた。

ポリドナウイルスの起源となったヌディウイルスは、恐らくその昔、寄生バチに感染しレトロウイルスのように宿主（寄生バチ）ゲノムDNAへと入り込んだのだろう。通常のウイルス感染であれば、そのゲノムに入り込んだウイルス配列から、粒子形成に必要なタンパク質を発現し、感染細胞内で多数の子孫ウイルスを作り、他の個体へとさらに感染していく。しかし、ポリドナウイルスの場合は、ゲノムに入り込んだ後、何がきっかけとなったのか大変不思議に思えるが、作ったウイルス粒子の中に自己のDNAを入れるのではなく、寄生バチのゲノムDNAの一部を取り入れるようになった。そして自分自身は転移因子のように細胞外に出ることのない存在となり、自らが作ったウイルス粒子を、寄主細胞をコントロールするための「分子兵器」として寄生バチに提供するようになったのだろう。現在のポリドナウイルスの寄生バチゲノムにおける存在様式から判断する限り、「独立したウイルス」として再び復活することはすでに難しいように思われ、昆虫の「分子兵器」として寄生バチゲノムに溶け込んでしまったように見える。

どちらが卵でどちらがニワトリなのか分からないが、長い時間で考えれば、この「分子兵器」の成立に前後して、寄主の体内に寄生して子供を育てるという寄生バチの生存戦略が誕生したのだろう。そう考えるとウイルスとの共生、いや元を正せばウイルスの感染が、驚異的な巧妙さを伴った新しい昆虫の進化を加速したということになるのだろうか。

やや余談にはなるがこの項の最後に、ポリドナウイルスを侵略者（寄生バチ）に操られる「悪の手下」とするなら、驚くことに、これに立ち向かう「正義の味方」とも言うべきウイルスも存在するので、それを合わせて紹介したい。それはマメ類の吸汁昆虫であるエンドウヒゲナガアブラムシの話である。このアブラムシは、有名な共生細菌であるブフネラを保有しているが、それに加えてハミルトネラ（*Hamiltonella defensa*）という共生細菌を[*16]保有することがある。アブラムシにハミルトネラが存在すると寄生バチの卵が産み付けられても、この菌から分泌される毒素により、寄生バチの幼虫が正常に生育できず死んでしまう。つまりハミルトネラはアブラムシの子供を寄生バチから守る「防衛軍」の役割を果たす共生細菌である。近年、このハミルトネラが生産すると考えられていた毒素が、実はこのハミルトネラに感染しているAPSE（Acyrthosiphon Pisum Secondary Endosymbiont）ファージというウイルスが持つ遺伝子の産物であるという驚くべき事実が判明した。ハミルトネラの中には寄生バチに対する強い抵抗性を付与するものと中程度の抵抗性しか付与できないものがあることが知られていたが、これも実はハミルトネラに感染しているAPSEファージの種類の違いによって生じていた。つまりアブラムシを寄生バチから守っている真の主役、「正義の味方」は共生菌そのものではなくAPSEファージであり、APSEファージがハミルトネラの中に存在することで「防衛軍」が機能することが分かったのである。

寄生をめぐる昆虫同士の戦いの中で、寄生バチ側はポリドナウイルスを用いて寄生しようとするし、寄主側はAPSEファージを用いて、寄生者を撃退しようとする。さながら両陣営が戦闘機のミサイルのように、ウイルスを飛び道具としてバトルを繰り広げているかのようである。彼らは、いつどうやってそんな「分子兵器」を獲得して、それをバトルに使えるようになったのか？　また、ウイルスが「分子兵器」に成り下がるような進化がどうして起きたのか？　生命の進化とは、何と不可思議なものか、と思う。

聖アントニウスの火

話は変わる。病気の原因が分からなかった中世ヨーロッパでは、疫病の流行は社会の恐怖であり、その原因については多くの流言飛語が飛び交った。当時、恐れられた三大疫病に挙げられるのが、ペスト（黒死病）、ハンセン病、そして「聖アントニウスの火」と呼ばれる謎の病気だった。この「火の病」にかかると焼けるようなひどい痛みを伴って手足の末端から壊死が起こり、ひどくなると手足が腐り落ち、最悪の場合は死に至った。また、この病気の患者は、しばしば幻覚を見るなどの精神的な錯乱を起こすことがあり、そのような異常な行動が悪霊に取り憑かれたと見なされ、時にいわゆる「魔女狩り」の対象となった。10世紀には数万人規模の人々がこの病気で亡くなったとの記録もある。この病気がなぜキリスト教の聖人、聖アントニウスの名を冠するようになったのかには諸説あり、聖アントニウスが幼い頃にこの病に冒されたところから立ち直ったからとか、この病気の痛みが聖アントニウスが修行の途中で受けたような激しい苦痛であるからとか、フランスの聖アントニウス修道院が積極的にこの病気の治療に取り組んでいたから等のことが伝えられている。

この病は、もちろん悪霊に憑(よ)りつかれた故に起こる訳でなく、その原因は当時の人々の食べ物であったライ麦パンに潜んでいた。植物と言えば、光合成によって独立栄養生物として自立しているイメージが強いが、実はほぼすべての植物が真菌となんらかの相互依存的あるいは偏利的な共生関係を持っている。そのような真菌の代表例としては植物にリン酸や水を供給する菌根菌が比較的よく知られているが、その他にエンドファイト[*17]と呼ばれる一群の共生菌も存在する。これらの菌は植物の内部に潜むという特徴を持っており、主に植物地上部の細胞間隙と呼ばれる、細胞と細胞の間の空間や導管などの通導組織内部を生活の場としている。「聖アントニウスの火」は、ライ麦のエンドファイトである麦角菌が産生する麦角アルカロイドという二次代謝物[*18]が原因であった（図26）。これがライ麦パンに紛れ込んでおり、中毒を引き起こしていたのだ。この化合物は、動物の神経系や循環系に対する強い毒性を持つことが知られており、ヒトが摂取すると、血管収縮を引き起こして手足の壊死を招いたり、神経系に作用して精神錯乱などの症状を引き起こす。ちなみ

図26　麦角菌が作る「悪魔の爪」と呼ばれる麦角（麦角アルカロイドを含む菌核）

に有名な人工麻薬のＬＳＤはこの麦角アルカロイドの研究から生まれた、その誘導体[*19]である。この麦角アルカロイドは、共生的なエンドファイトが宿主植物を昆虫や動物の食害から守るために産生する物質だと考えられている。この他にもエンドファイトは植物の成長を促進したり、耐乾性や耐病性を増強するといった多種多様なメリットを宿主に提供しているものが存在している。そんなエンドファイトと共生しているウイルスの話を紹介したい。

　話はさらに中世ヨーロッパから、アメリカのイエローストーン国立公園へと飛ぶ。イエローストーン国立公園は、１８７２年に世界で初めて成立した国立公園であるが、ここでは地表下８km程度の所までマグマが迫っており、それを熱源とした間欠泉や温泉が多数存在することで有名である。渓谷や手つかずの自然が豊富に残っていることに、この火山地帯特有の風景が相まって、神秘的な色彩と景観に富んだ、何か特別な場所となっている。そんなイエローストーンの地熱地帯では常時、間欠泉から熱湯が噴出しているため地温が高く、そこで生育する植物はほとんど見られないが（図27）、イネ科に属するパニックグラスの一種である*Dichanthelium lanuginosum*は、そんな環境で生き延びることが出来る数少ない植物種の一つである。このイネ科植物は、通常の植物はとても生育できない65℃もの地温にも耐え、枯れずに成長できることが知られている。65℃と言えば、一部のタン

図27　イエローストーンの地熱地帯

パク質が変性して温泉卵が出来る温度である。とても高等生物が生きていける温度とは思えない。この驚異的な耐熱性を可能にしている機構の謎が2007年の『サイエンス』で明らかにされたが、これに関与していたのがパニックグラスの体内に潜むエンドファイト*Curvularia protuberata*であった。すなわち植物の耐熱性は、このエンドファイトが植物体内に共生していた時にのみ発揮され、エンドファイトが共生していない場合には、パニックグラスは65℃の高温に耐えられず、一般の植物と同様に全滅した。エンドファイトがこのように植物にストレス耐性を付与する事象は、それまでにもいくつか知られていたが、このケースが特に興味深かったのは、このエンドファイトによる植物への耐熱性の付与に、エンドファイトに感染するウイルスが関与していたことだった。この共生エンドファイトは、CThTV（Curvularia Thermal Tolerance Virus）と命名された二本鎖ＲＮＡウイルスを保有していたが、このウイルスを取り除いたエンドファイトでは、植物はあたかもエンドファイトを持たないかのように高温に耐えられなくなり枯れてしまった。

つまりこの例は、ウイルスがエンドファイトに感染することにより、エンドファイトの植物との共生能力が発揮されるという、ウイルス・真菌・植物の三者が関わった共生現象であることが判明したのだった。何とも複雑な話である。この現象の詳細な機構は、まだ研究の途上であるが、ウイルスの存在がエンドファイトのストレスに応答する遺伝子群の発現を活発にし、エンドファイト自体の耐熱性に寄与していることが示唆されている。

このCThTV感染のように、通常は病気の原因と考えられているウイルス感染が、実は宿主に何らかのメリットを与えている事例は、これまで考えられてきたよりもずっと一般的な事象であることが少しずつ分かり始めている。例えば、よく知られたヒトの病原体であるヘルペスウイルスにもそんな働きがある。ヘルペスウイルスにはいくつもの異なったウイルス種が知られているが、その多くを私たちは子供の頃に母親や家族との接触から感染により受け取り、そのまま一生体内にウイルスを持ち続けることになる。この場合、通常、何の症状も現れず、ウイルスが感染しているのか、していないのか、一見わからない潜在感染と呼ばれる状態になる。口唇ヘルペスの例だと、疲れたり風邪をひいたりと、体の免疫力が低下した時にだけウイルスが活発化して唇や口のまわりに小さな水ぶくれ（水疱）ができるといった病徴が現れるが、普段は何ともない。これが典型である。ヘルペスウイルスの仲間は、脊椎動物の成立前から宿主動物との関係が始まったと考えられており、人類にとっても恐らくその誕生時からの長い付き合いである。従って、お互いよく相手を知っており、ウイルスの方も無茶はしないし、我々の方もウイルスが静かにしている限りは、特段の〝病気〟にはならない。もちろん免疫機能が著しく低下した場合、例えば臓器移植で免疫抑制剤を使用したり、エイズ（後天性免疫不全症候群）に感染した場合などは、ヘルペスウイルスによる疾病も重篤化することが知られており、長い付き合いとは言っても緊張感は失ってはいけない、結婚生活のようなものかも知れない。

このようなヘルペスウイルスであるが、2007年の『ネイチャー』に、潜在感染しているヘルペスウイルス（マウスガンマヘルペスウイルス68、マウスサイトメガロウイルス）の影響で、病原細菌であるリステリア菌やペスト菌の感染に対してマウスが強くなっていることが報告された。[20] これらのウイルスの潜伏感染により免疫を活性化する作用のあるインターフェロン生産が増え、[21] マクロファージが全身にわたって活性化されるなど、自然免疫が高まった状態となっていたのだ。ヘルペスウイルスの潜在感染が天然のワクチンのように働いていたと考えることも出来る。

潜在感染しているウイルスや内在性レトロウイルス等が、実は天然ワクチンのような働きをしていたという例は、ヘルペスウイルスに限らず、他にも例が知られている。例えば、マウスに白血病を引き起こす、その名もマウス白血病ウイルスというレトロウイルスがいるが、これに罹りにくいマウス系統は、Fv-1やFv-4という耐病性の遺伝子を持つことが知られていた。それらの遺伝子の機能解析を目指して精力的な研究が行われたが、その結果明らかとなったのは、驚くべきことにFv-1もFv-4も、レトロウイルスに起源を持つ遺伝子であるということだった。Fv-1は、やや遠縁のレトロウイルスのgag遺伝子であり、Fv-4は、より近縁のウイルスのenv遺伝子であった（図16参照）。

ヘルペスウイルスの例では、その感染が天然のワクチンのように働き宿主免疫を活性化するという比較的単純な話であったが、Fv-1やFv-4の場合は、これらがもう少しウイルスの遺伝子らしく働いている。例えばFv-4は元々envであるが、envは感染可能な細胞の表面にある〝レセプター〟に結合して感染を助ける働きを持っている（図12参照）。Fv-4から作られる「env」タンパク質は病気を起こす白血病ウイルスのenvと、この〝レセプター〟をめぐって競争し、ウイルスが利用できるレセプターを奪うことで感染を阻害していた。また、Fv-1は元々ウイルスのキャプシドを作るgagだが、これが感染しようとする白血病ウイルスのgagタンパク質に作用して細胞内の動きを阻害していた。いずれも元々持っていたレトロウイルスの遺伝子としての機能を活かして、新たなウイルス感染を阻害している点が興味深い。

Fv-1にしてもFv-4にしても、それをマウスゲノムに提供したレトロウイルスたちは、過去にはマウスに感染するウイルスとしてやってきたのであろう。しかし、その感染の際に内在化して宿主ゲノムと一体となり、今は外から新たに感染してくるレトロウイルスに対するガード役として活躍している。これもある種の共生関係と言えるだろう。日本のアニメ、例えば『ドラゴンボール』などでも、最初敵だった相手が次々と仲間となっていくのはよくある展開だが、このFv-1やFv-4もそんな「昨日の敵は今日の友」を地で行くような話である。

注釈

*13 **自然免疫** 動物・植物・菌類などの広い範囲の生物に存在する病原体に対する防御機構であり、一部の経路は進化的に広く保存されている。体液性および細胞性からなる複数の免疫機構の総称であり、迅速・非特異的・汎用的などの特徴を持っている。

*14 **顆粒細胞・プラズマ細胞** 昆虫の血液中に存在する免疫を担う血球の名称。顆粒細胞が主に異物に対する食作用を示し、プラズマ細胞は異物を取り囲む包囲化作用を促すことで、顆粒細胞の食作用を補助する。

*15 **RNAポリメラーゼ** RNA合成酵素のこと。DNAを鋳型にRNAを合成するものと、RNAを鋳型にRNAを合成するものの二つがある。

*16 **ブフネラ** アリマキ（アブラムシ）の共生細菌。アリマキの菌細胞という特殊な細胞の中に細胞内共生しており、アリマキが合成できないアミノ酸を供給する。

*17 **エンドファイト** 植物の体内を生息域とする細菌や真菌の総称。ほぼすべての植物に存在しており、主に細胞間隙と呼ばれる細胞と細胞の隙間や、導管や師管などの通導組織を生活の場としている。その多くが植物との共生関係にあると考えられている。

*18 **二次代謝物** 多くの生物に共通した生命現象に関与し、生命の維持、増殖などに直接関与する代謝物（核酸やアミノ酸など）を一次代謝物と呼ぶ。二次代謝物は、生物が生産するが、一次代謝物ではない代謝物の総称である。二次代謝物には多種多様なものが含まれるが、代表的なものとしては、色素、抗生

物質、毒素などが挙げられる。

＊19 **誘導体**　ある化学物質に対して、酸化、還元、官能基の導入などにより、その構造を大きく変えない程度に性質が改変された化合物のこと。

＊20 **インターフェロン**　病原体（特にウイルス）の感染などに反応して動物細胞が産生するタンパク質の一種。ウイルス増殖を抑制する作用を持ち、マクロファージやＮＫ細胞などの他の免疫細胞を活性化する。

＊21 **マクロファージ**　免疫細胞の一種であり、生体内をアメーバ様運動する遊走性の食細胞。体内に侵入した異物や自己の死細胞などを貪食する。

第４章

伽藍とバザール

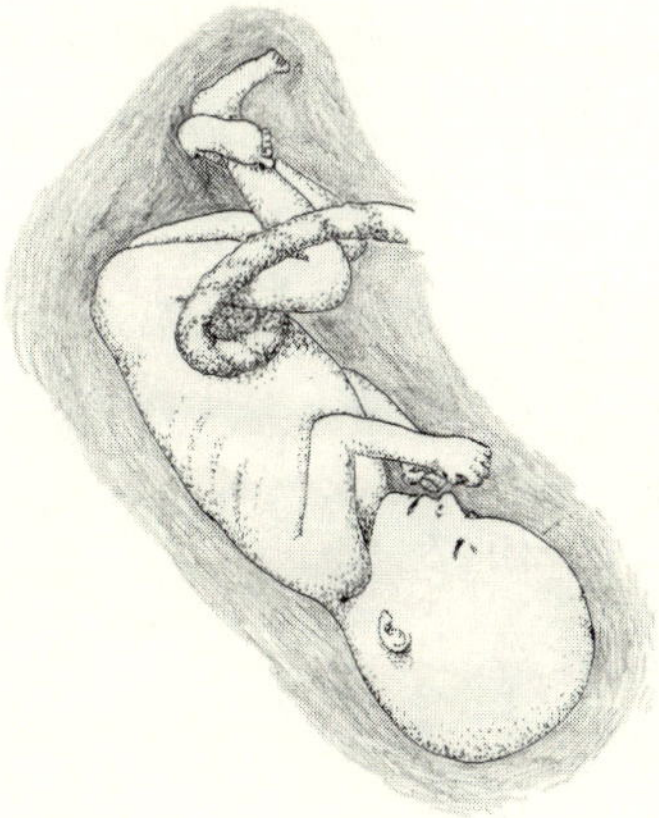

伽藍とバザール

〝伽藍とバザール〟という言葉は、コンピューターソフトウエアの開発様式の対比から生まれた概念であり、1999年にエリック・レイモンドにより提唱された。これは、伽藍、すなわち整然と配置された寺院や教会の建物群のように、大企業によって主導された形でソフトウエアが体系的に開発されていくウインドウズOSのような様式と、バザール、すなわち中心となる企業もなく、いろんな技術者がパーツとなるソフトウエアを持ち寄ってシステムを作り上げていく、オープンアーキテクチャーのリナックスOSのような状況との対比を指している。さて、では生物というシステムは、伽藍とバザール、そのどちらの様式によって作り上げられてきたのだろうか？　伽藍であるなら、一体、何がそれを主導してきたのか？　あるいはバザールであるなら、そんな運任せのようなことで、生物の持つ巧妙で複雑な仕組みが本当に成立していくのか？　恐らくそう簡単に答えが出る問題でもなかろうが、生命進化の少なくとも一部は明らかにバザール型で起こっており、私にはそちらの方により生命の本質があるように思える。この章ではウイルスと宿主進化の関係に焦点をあて、特にそんなバザール型進化にウイルスやその関連因子が関与している例をいくつか紹介していきたい。

胎盤形成

一つ目の話は、繰り返しになるが冒頭に紹介した胎盤形成におけるシンシチンである。実は興味深いことに、哺乳動物における胎盤の形成には、シンシチン以外にもレトロウイルス／レトロトランスポゾンに由来すると考えられるウシのFematrin-1と呼ばれる遺伝子や、マウスのPeg10とRtl1といった遺伝子なども、シンシチンとはまた違った形で深く関与することが示されている。なにか哺乳動物の胎盤形成とレトロ因子の間には、ただならぬ関係があるようにも思える所であるが、ここでは一番有名なシンシチンに話を絞って紹介したい。

冒頭でも述べたが、シンシチンは母親の免疫系による攻撃から胎児を保護する合胞体性栄養膜の形成に重要な働きをするが、そもそもこの合胞体性栄養膜というのは、どのようなものなのだろうか？　図28に胎児と子宮の関係を模式的に示したが、子宮の中の胎児は羊膜に包まれ、いわゆるへその緒を介して母親の胎盤とつながっている。そのへその緒の先は、植物の根のように枝分かれした絨毛と呼ばれる組織となっており、たとえて言うならこの胎児の根が母親側の〝大地〟、すなわち胎盤（基底脱落膜）に根を張ることで、母と子が連結されている。そしてこの母と子のつながりの最前線である〝根〟にあたる絨毛の

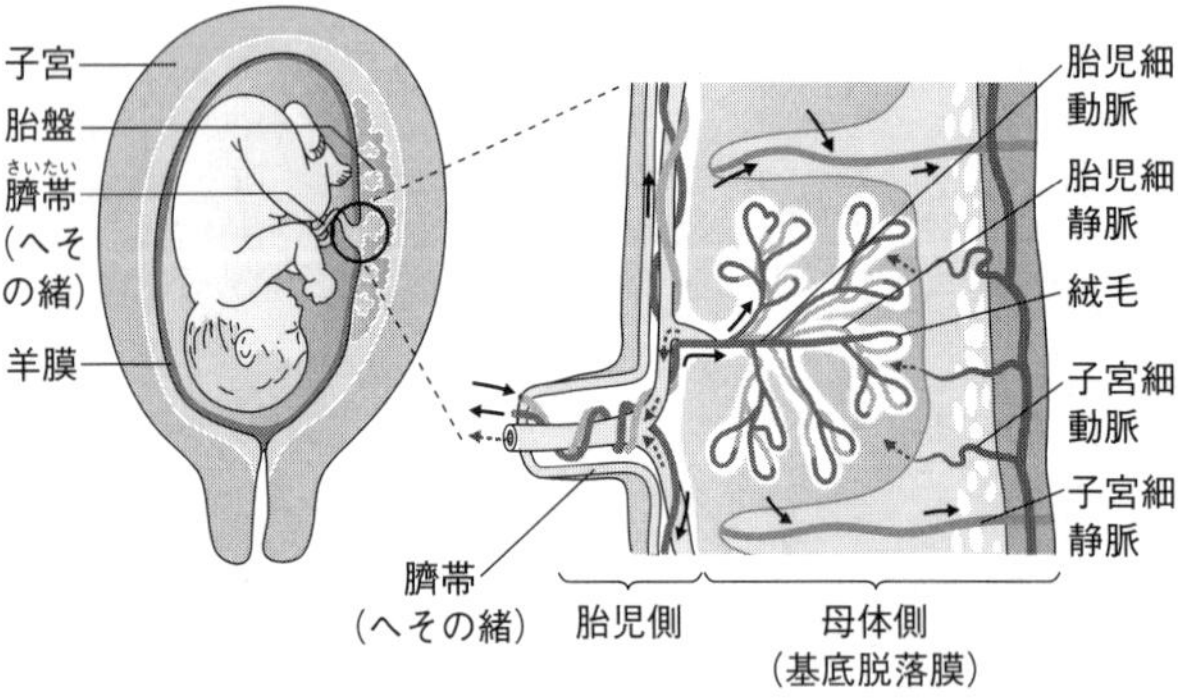

図28　胎児と胎盤

表面を覆うように存在しているのが、合胞体性栄養膜である（図29）。この構造には膜という言葉が使われているが、正確には単なる膜ではなく、多くの細胞が次々と連結し、細胞融合を繰り返すことで一つの巨大な細胞となった層とでも言うべきものである。実際、この〝層〟には細胞融合した多くの細胞たちの核が残っており、一つの巨大な細胞に多数の核が存在するような状態となっている（図29）。この合胞体性栄養膜の役割には、少なくとも二つのことが考えられている。一つは、物理的な細胞形状の変化による防御であり、もう一つは免疫抑制作用である。

血球細胞の中には、例えば白血球が血管の壁をすり抜けて生体組織に入って行くように、細胞と細胞の隙間を通過する能力に長けているものが多くある。しかし、この合胞体性栄養膜はそのような細胞と細胞の隙間がない巨大な一枚岩となっているた

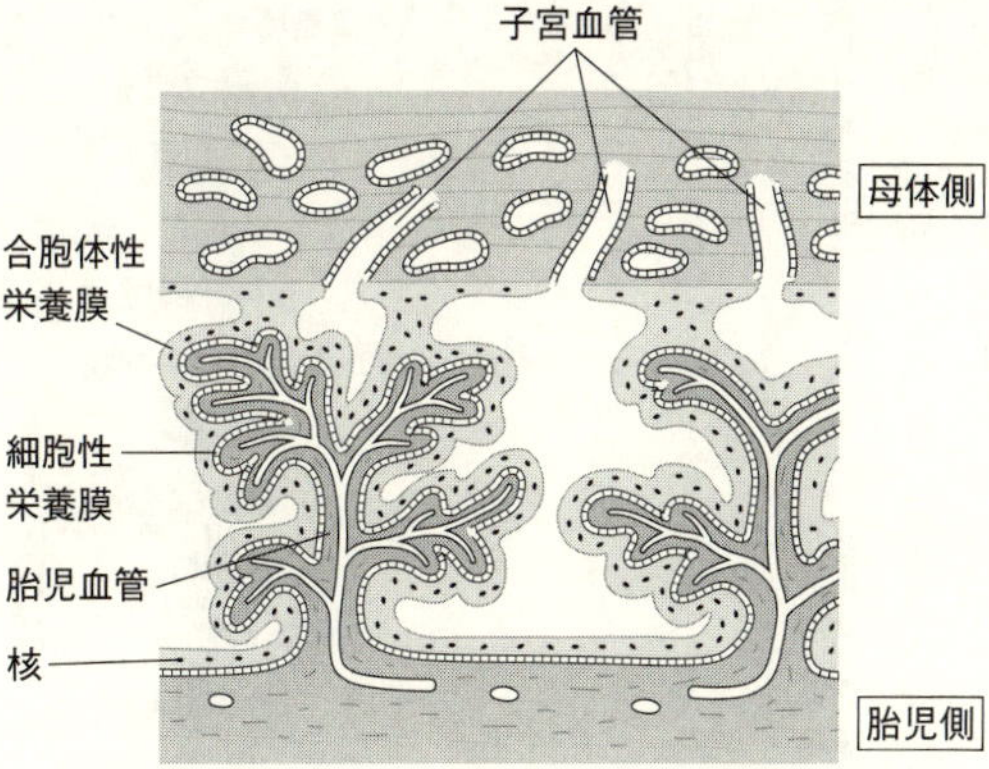

図29　細胞が融合することによって出来ている合胞体性栄養膜

め、すり抜け能力に長けた免疫細胞であっても胎児側に侵入することを難しくしている。この場合、キーとなるのは細胞と細胞を連結させること、すなわち細胞融合を起こすことであり、それにより免疫細胞が子宮血管から胎児側へ侵入することを防いでいると考えられる。では、それを可能とするシンシチンとはどんなタンパク質だったのだろうか？

シンシチンはレトロウイルスが持つenvという遺伝子に起源をもっている。envタンパク質はこれまでにもすでに何度か述べているが、ウイルス粒子のエンベロープという脂質膜構造に突き刺さるように存在しているタンパク質である。ウイルスはこのエンベロープ膜を感染のターゲットとなる細胞の細胞膜と融合させて細胞内へと侵入していくが（第２章図12参照）、これを可能としているのが、envタンパク質である。図30にレトロウイルスが宿主細胞に侵入する際のenvタンパク質の働きを示している。レトロウイルスのenvタンパク質はSUとTMと呼ばれる二つの〝パーツ〟（サブユニット）からなっており、そのうちTMがウイルスエンベロープと宿主細胞膜という二つの膜を融合させる橋渡しをしていることが分かる。ウイルスのエンベロープ膜はもともと宿主細胞の細胞膜であり、ここで起こっていることは、実質的に二つの細胞膜の融合である。

ここまで書くともうお分かり頂けたかと思うが、シンシチンが細胞融合を起こして、合

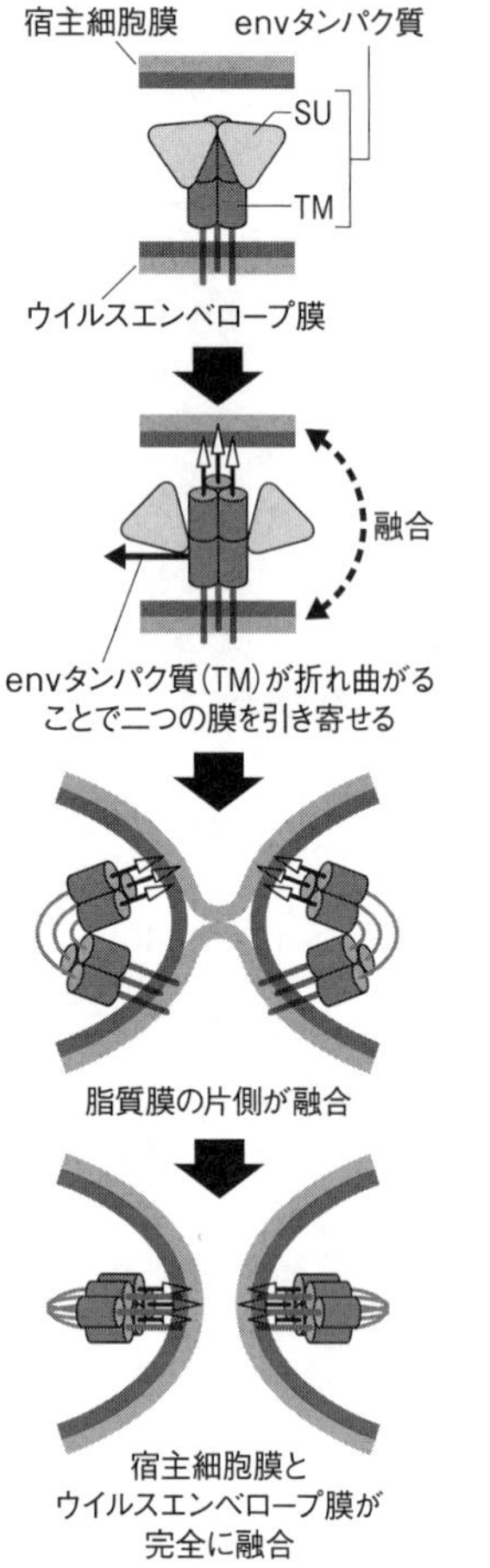

図30　envタンパク質による宿主細胞膜とウイルスエンベロープ膜の融合
原図は宮内（2009）を引用。一部改変

胞体性栄養膜を作れるのは、その起源となったレトロウイルスのenvタンパク質が元々こうして細胞膜を融合させる機能を持っていたからである。また、合胞体性栄養膜には免疫抑制作用があると書いたが、それもenvタンパク質が元々レトロウイルスの感染を助けるために宿主の免疫機構を抑制する機能を持っていたからである。

元来、ウイルス感染を可能とするためにウイルスが作り上げてきたこういったタンパク質の機能を、私たちの祖先は上手く利用することにより合胞体性栄養膜を作れるようになったのだろう。コンピューターにたとえれば、ある機能を果たすモジュールをウイルスが作り、それが感染に伴って宿主ゲノムに持ち込まれた。宿主ゲノムという巨大なOSは、その運び込まれたモジュールを自己のシステムに取り込み、新たなプラグインを実行できるように機能が更新されたのだ。ウイルスが宿主進化に役立つ有用なモジュールを提供したことで、生物の一つの「形」が定まった。そんな、ウイルスと私たちが〝一体化した〟事例と言える。では、次に転移因子が関与した「進化」の例を紹介したい。

V(D)J再構成

転移因子は、現在、総体としてはウイルスの一部とは考えられていないが、第2章で述べたようにウイルスとの境界はかなり曖昧であり、ここでは関連因子として話に含めたい。話のお題は獲得免疫である。ヒトを含む脊椎動物（正確には有顎類）は病原菌等の侵入に対して、獲得免疫という他の生物では見られない強力な防御機構を有している。この機構の特徴は、ある病原菌による感染が一度起こると、抗体というタンパク質分子を用いてその病原体の分子パターンを記憶し、次に同じ病原菌による感染が起こると素早く強力な抵抗性を発揮するというものである。この機構で鍵となるのは、敵を特異的に見つけ出す抗体というタンパク質分子である。

自然界に無数に存在する病原菌や物質に対する「特異的」な抗体をどうやって脊椎動物は作り出すのか？　これはかつての生物学における大きな謎であった。病原微生物と一言でいっても、ウイルス、細菌、真菌、原虫など、様々なものが存在し、細菌一つとっても、数万から数十万と言われる異なった種が存在する。また、例えばインフルエンザウイルスという一種の病原体であっても、そこにはA型、B型などがあり、さらにA型であっても季節毎に病原型の違ったウイルスが現れる。抗体はそんな小さな違いもきちんと認識して、特異的に結合するものが出来てくる。一説によると、ヒトが作り得る抗体の種類は1００億種類を越えるという推定もあるそうだが、ヒトゲノムに存在する遺伝子の数は2万数千個ほどしかなく、一つの遺伝子から一つの抗体が作られるとすると、どう考えても数が合わない。一体、どうなっているのか？

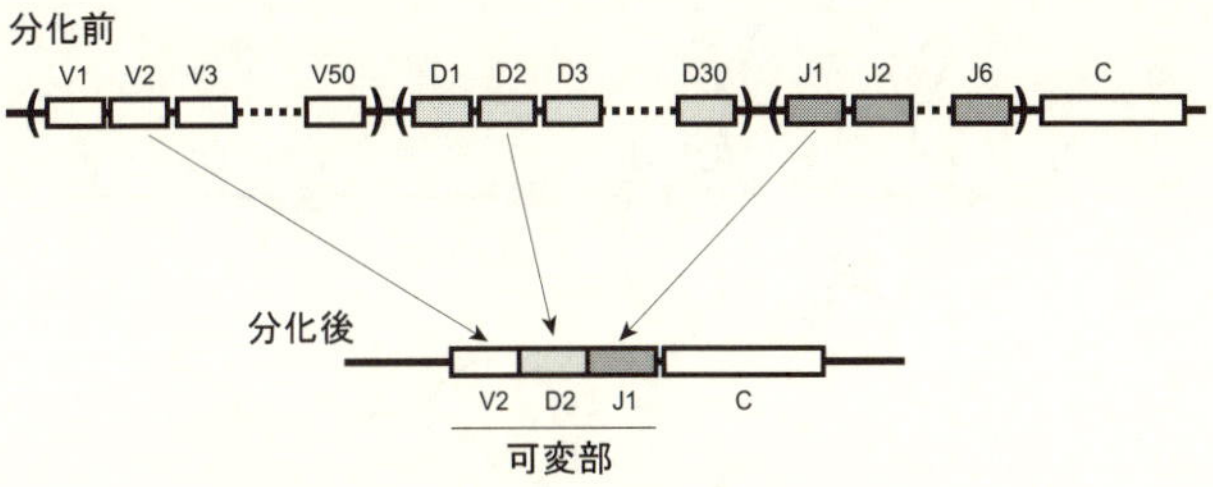

図31　V(D)J再編成による抗体分子の生成機構
V、D、Jの各領域に反復して存在する配列が、一つずつがランダムに選ばれて結合することで、多様な抗体分子が出来上がる

この謎を解いたのが、１９８７年にノーベル生理学・医学賞を受賞した利根川進であった。彼は、抗体分子の「可変部」と呼ばれる領域が出来上がる過程に、制御された遺伝子配列の組換えが関与することを発見した。この抗体分子の「可変部」を詳しく見ると、V領域、D領域、J領域という三つの領域がつながった形をしている(図31)。しかし面白いことに、卵子と精子が結合した「生まれたて」の受精卵やそこから発生してくる分化初期の細胞たちが持つ遺伝子配列を見てみると、決してV領域、D領域、J領域が一つずつ結合した形にはなっておらず、少しずつ配列の異なったV領域が50個程度、D領域が30個程度、そしてJ領域が6個程度、反復して存在した形となっている。これが特定の抗体を作るB細胞へと発生が進み、成熟していく際に、V領域から一つ、D領域から一つ、そしてJ領域からも一つと、反復されている配列

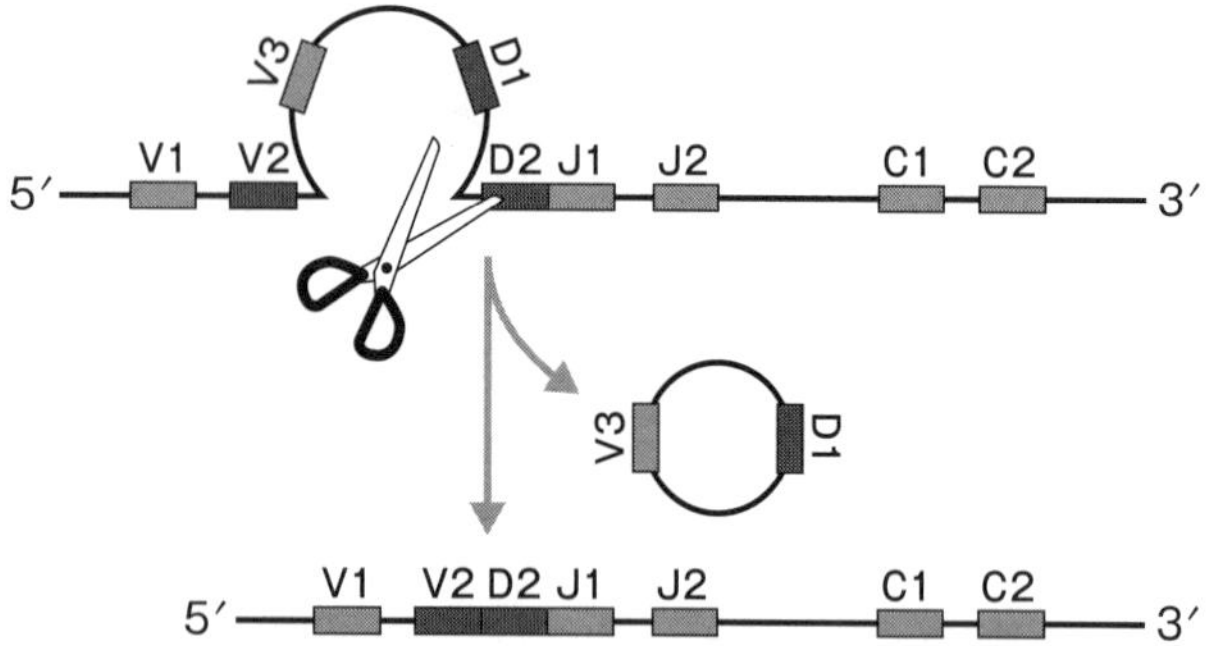

図32　V(D)J再構成時におこるDNAの切り出し機構
原図はMarek Mazurkiewicz氏（Wikimedia Commonsより）

の中から各一つがランダムに選ばれ、それらが結合した可変領域の遺伝子が出来上がることになる（図31）。

これをたとえて言うなら、あなたはTシャツを50枚、ズボンを30枚、そして帽子を6個、持っていたとしよう。今日のあなたは、その中からTシャツを1枚、ズボンを1枚、そして帽子を一つ選んでお出かけする。Tシャツとズボンと帽子の組み合わせで、少しずつ違ったコーディネイトが、かなりの数、楽しめるはずである。これがV(D)J再構成と呼ばれる、抗体の多様性を生む機構である。ヒトの体内で産生される抗体のバリエーションの多さは、V(D)J再構成だけで説明できるものではないが、その多様性にこの機構が大きく貢献していることは間違いない。

このV(D)J再構成が起こる過程が模式的に示

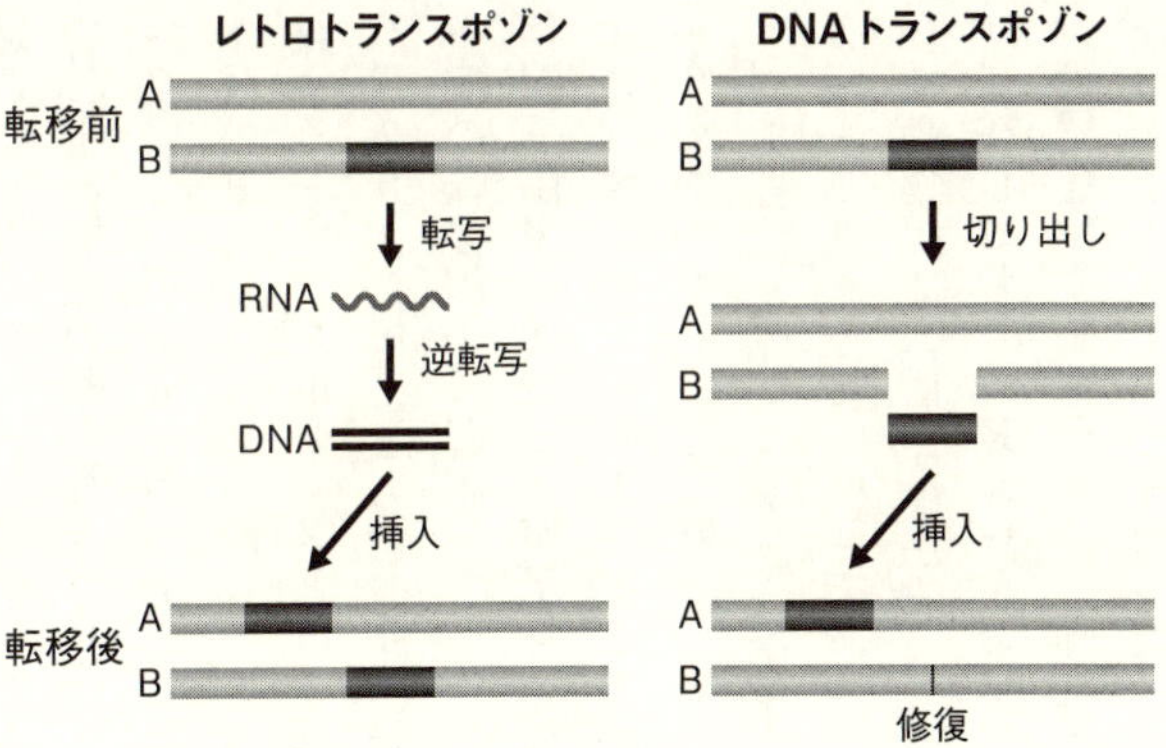

図14（再掲）　転移因子の二つの転移様式
ともに染色体B上のDNA配列が染色体Aに転移する

された図32をよく見て頂きたいが、ここではすでにD領域からD2が、またJ領域からJ1が選ばれており、その後にV領域からV2が選ばれて結合するプロセス（最終的にはV2－D2－J1という組み合わせになる）が示されている。V2とD2が直接くっ付くためには、その間にあるV3やD1を含むDNA配列が邪魔だが、それが取り除かれる過程である。このようなDNAが抜けて、切り貼りされる反応を以前にどこかで見なかっただろうか？

そう、第2章の図14にあるDNAトランスポゾンの転移の図である。トランスポゾンの場合はある領域から抜け出した（取り除かれた）DNA配列が、さらにゲノムのどこかの領域に挿入されることで転移が完了するが、このプロセスの染色体Bの側に注目すると、一定のDNA領域が切り出され、抜けた両端の配列が結合されることで切れ目が修復されている。これはV(D)J再構成の際に起こるDNA上の反応と基本的に同じである。

V(D)J再構成において、このDNA配列の削除、すなわち切り出しを行うのはRAG1及びRAG2という酵素である。古くから、特にRAG1がトランスポゾンの転移を触媒するトランスポゼースという酵素と遺伝子配列上の類似性があることは指摘されていたが、2005年にこの類似性の詳細な分子系統解析が行われ、RAG1はTransibという一群の転移因子に起源をもつと結論された。また、ごく近年RAG2も同じグループの転移因子由来であることが示唆されている。これらの事実は獲得免疫という脊椎動物の病原体に対する防御戦略の主役ともいえる機構の心臓部が、なんと転移因子由来の〝モジュール〟であったことを意味している。

Transibに分類される転移因子はショウジョウバエやウニといった無脊椎動物を含んだ広い生物種から見つかっており、進化的な起源は獲得免疫よりも古いものと考えられる。脊椎動物ゲノムにTransibがいつ入ってきたのかは不明であるが、有顎類の成立の前後には存在しており、RAGタンパク質への転用が起こったのだろう。

獲得免疫や胎盤形成は、哺乳動物進化上の極めて重要で劇的な変化であったが、それに転移因子やウイルス由来の遺伝子が使用されているのは、驚きとしか言えない。しかし逆に考えてみると、無脊椎動物ゲノムにもTransibや同様のレトロウイルスは存在しており、その存在自体ではなく、それを有効に利用したことが、その差を生んだと言えるだろう。その意味で、生物進化におけるウイルス関連因子の役割の評価は慎重であるべきだろうが、彼らなしには語れないのもまた事実である。

遺伝子制御モジュール

ヒトゲノムの解読が完了して10年以上経つのですでに旧聞にはなるが、その成果の驚きの一つはゲノム中の「遺伝子」、すなわちタンパク質になる領域が約1・5%と極めて少ないということだった。一方、本書の主役であるウイルスや転移因子などは、ヒトゲノムで増殖を繰り返し、その約45%もの領域を占めるに至っていることも同時に明らかとなっている。こうなると、我々ヒトのゲノムとは一体、誰のものなのか？　という気分になる。

そうしてゲノム中を飛びまわり、その至る所に散らばったウイルスや転移因子の配列の多くは、すでに因子としての活性、つまり感染したりゲノム上を転移したりといった機能を失っており、ゲノムのゴミのようなもの、すなわち「ジャンク（がらくた）DNA」であり、何の役にも立っていないと、これまで思われていた。しかし、近年その見方を覆す発見が相次いでいる。

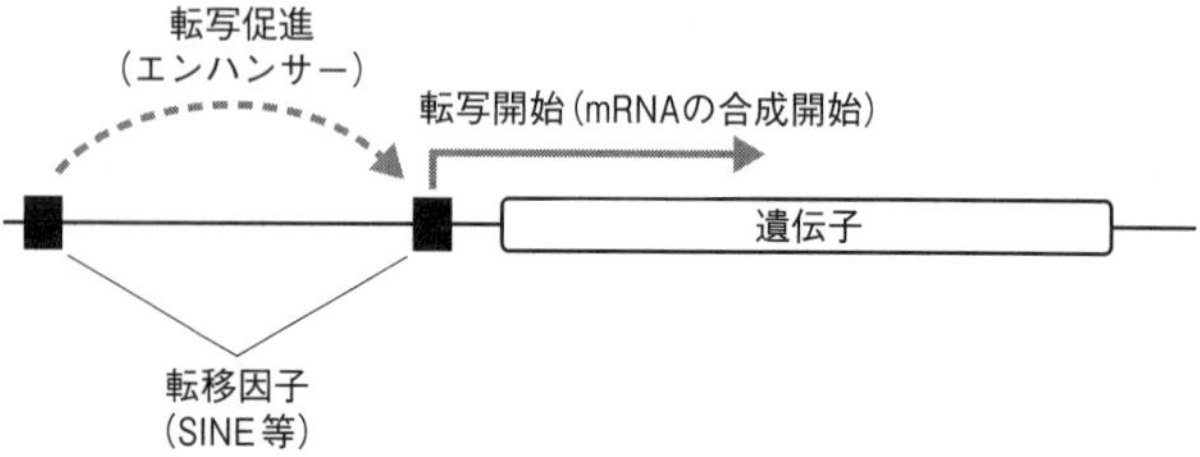

図33　遺伝子制御モジュールとしての転移因子の働き

そんな発見の多くは遺伝子発現を制御する配列、すなわち遺伝子をオン／オフするスイッチであったり、量を調節するボリュームスイッチのような配列としての役割である。その一例として、遺伝子発現の第一歩であるDNAからRNAが転写されるための遺伝子配列（転写開始部位）が挙げられる（図33）。近年ヒトやマウスといった哺乳動物で発現している様々なRNAの転写開始部位が網羅的に調べられたが、その結果は驚くべきものであり、哺乳動物で発現しているRNAの18％もの部分が、転移因子に由来する配列を利用して転写を開始しているとされた。つまりヒトで発現しているRNAの約2割が転移因子を利用して発現していることになる。ヒトの遺伝子に転写開始地点を提供した転移因子は、すでに因子としての活性を失っていることがほとんどであるが、因子が持つ配列（スイッチ）自体は機能を失っておらず、それが利用されているのだ。

また、転移因子はエンハンサーと呼ばれる転写の量に影響を与える配列、すなわちボリュームスイッチのような配列を持つことも知られているが（図33）、近年、この転移因子の持つエンハンサーが、哺乳類における神経や脳の形成に重要な役割を果たしているという興味深い報告もなされている。哺乳類は他の生物と比較して非常に発達した中枢神経系を保有しており、特にヒトを含む霊長類では大脳の発達が著しく、それが種としての最大の特徴となるような形質となっている。そのような重要な哺乳類の進化に転移因子が貢献してきた可能性が、また一つ明らかになりつつあるのだ。

この驚くべき発見は「非コード保存領域」[*22]の研究に端を発している。様々な生物のゲノムＤＮＡ配列をよく見ると、タンパク質をコードする訳でもないのに進化的に強く保存されているＤＮＡ配列が見つかることがある。こういった進化的によく保存された非コード領域は、それを持つ生物たちにとって重要な働きをしているから保存されていると考えるのが自然であるが、そのような領域から二つの転移因子（LFSINEとAmnSINE1）に由来する重要なエンハンサーが発見されることになった。

そのLFSINEとAmnSINE1由来の「ボリュームスイッチ」により発現量が制御されていた遺伝子は、ISL1およびFGF8というものだったが、興味深いことに、これら二つの遺伝子はいずれも神経系の発生に重要な働きを示すことが知られていた。ISL1は胚発生時の神経形成、特に運動神経の正常な形成に重要な役割を果たすことが分かっており、また

FGF8は中脳と後脳の境界を形成し、その後の脳形成に影響を与えることが示唆されている。高等動物の様々な発生の段階で、ISL1やFGF8は共に適切な時期に適切な場所で発現されており、それが正常な神経組織や脳の発達に寄与していると考えられるが、そのような微妙な遺伝子の発現パターンに転移因子由来のエンハンサーが役立っていたのである。そんな偶然に飛んできた転移因子に起源をもつ配列で、我々の知性を司る脳が出来ていたのなら、本当に驚きである。

シンシチンの例でもそうだったが、元となったウイルスが我々の祖先に感染したことは恐らくただの偶然である。ここで紹介したISL1やFGF8を制御できる位置に転移因子がやって来たのもまた偶然と考える方が妥当だろう。決して哺乳類の進化を「あるべき姿」にするために、俯瞰的に計画されたデザインに基づいて転移や感染が起こったようには思えない。バザールに持ち込まれた有用コンテンツがたまたまそこにあったから、それを用いた進化が起こっていったのだ。このような生物の持つ高い可塑性を見ると、生物、あるいはその根本となる生物ゲノムという情報システムは、決して自己完結したものではなく、持ち込まれた他者のリソースを何でも有効に利用できるオープン型のアーキテクチャーになっているということを強く思う。終章で述べることにはなるが、その意味で、元来のものとして「自己」と「他者」の区別が曖昧なシステムという側面を持っている。

ウイルスや転移因子、あるいはプラスミドといった染色体外の可動因子たちは、そのような生物システムの中で、思いもかけないものをゲノムに持ち込むことで、より彩り鮮やかで雑踏賑わうバザールを演出する。塩基配列の突然変異と自然選択による地道な遺伝子改変に比べれば、彼らが進化というバザールに持ち込むものは、すでに何かの機能を持つ「商品」であり、その意味で大きなインパクトを持っている。次からは、そんな「バザール型進化」の主役たちの面目躍如となる「大仕事」の話を紹介したい。

空飛び、海泳ぐ遺伝子

１９９９年の『サイエンス』にフォード・ドリトルが、生物進化の歴史を描いた非常に有名な「生命の樹」を発表する（図34）。それまで生命進化は単一の祖先をもち、そこから樹が垂直に伸長し、枝を伸ばすように分岐して進化が起こったとする樹木状のものとして描かれることが一般的であった。しかし、ドリトルの「生命の樹」には多くの水平的な線が描かれており、それはさながら「樹」というより「網」のような形状を呈していた。２０１１年にポパとダガンにより発表された「生命の樹」ではこれが三次元的になり、さらに入り組んだ複雑な「網」となっている（図34）。これらの横方向の線は、一体何のために描かれているのか？

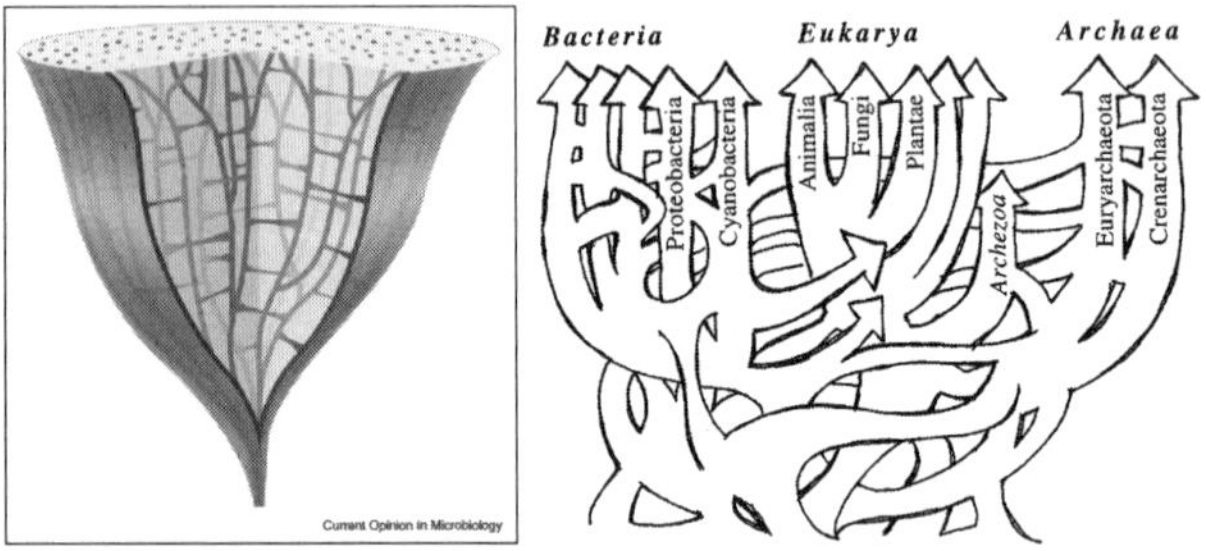

図34　Doolittle（1999）（右図）およびPopa&Dagan（2011）（左図）による「生命の樹」

それは「水平移行」と呼ばれる遺伝子の動きを表したものである。通常、遺伝子は親から子へと受け渡されており、時間軸で考えるとその流れに沿った「鉛直」方向に遺伝子が移動している。一方、遺伝子は時に、同時代に存在する他種の生物同士間でやり取りされることがあり、これは時間軸からすれば「水平」的と見なされ、遺伝子の「水平移行」と呼ばれる。かつては極めて例外的なものと考えられていた遺伝子の水平移行であるが、多くの生物で全ゲノム配列が決定された結果、特に原核生物ではこれまで思われていたよりずっと頻繁に、そのような事象が起こってきたことが明らかとなっている。

２００５年には我が国の国立遺伝学研究所のグループが１１６種の原核生物の全ゲノム配列を用いて網羅的に水平移行遺伝子を調査した結果、驚くべきことにそれらの種では平均して14％、最も多い種で26％もの遺伝子が水平移行によって獲得されたと推定された。解析されたサンプルの規模から考えて、原核生物の世界では少なくとも遺伝子の1割以上は親からではなく、行きずりの「他人」から譲り受けるようなことが「常識」となっているようである。

このような遺伝子の水平移行が一体どのようにして起こったのか? まだ完全に解明されたとは言えないが、これまでに得られている知見を総合すると、本書の主役であるウイルス(ファージ)がその少なくない部分に関与していることは疑いがない。一例として、かつて社会問題にもなった腸管出血性大腸菌O157のケースを紹介しよう。大腸菌はヒトを含む多くの哺乳類や鳥類などの腸管に棲息する常在菌であり、その多くは無害で病原性はない。しかし、O157株は出血性大腸炎の原因となり、時に急性脳症などの生死に関わる重篤な合併症を引き起こす。なぜ、通常は大人しい大腸菌が、このような凶暴な菌へと変化したのか? その謎を解き明かすため2系統のO157株の全塩基配列が2001年に決定された。その結果分かったのは、無害な大腸菌と比較すると、O157株ではゲノム配列が約20%も増加していたことだった。その増えた遺伝子の大部分は、他の菌から水平移行してきたと推定されるものであり、そこに出血性大腸炎を引き起こす主要な原因となるベロ毒素の遺伝子も含まれていた。

O157株が持つベロ毒素には2種類のものがあり、それぞれベロ毒素1と2と呼ばれ

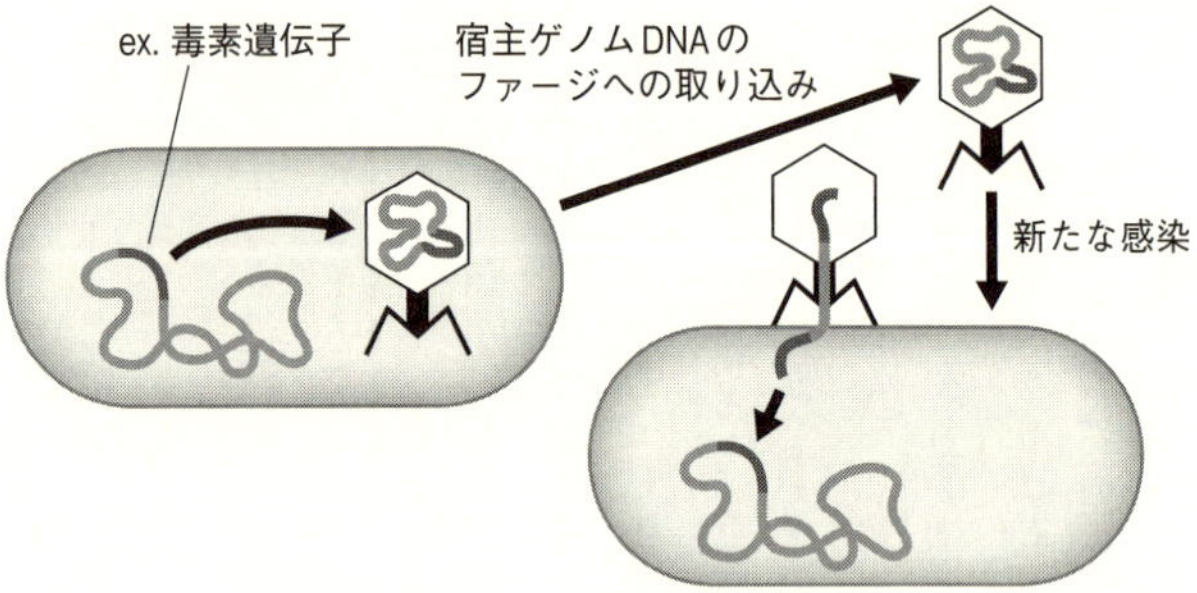

図35　ファージ感染による遺伝子水平移行の模式図

るが、ベロ毒素1は赤痢菌（志賀赤痢菌）が産生するシガ毒素と同一のものであった。O157株ゲノムにおけるこのシガ毒素（ベロ毒素1）の産生遺伝子が調査されたが、興味深かったのは、その毒素をコードする遺伝子配列が、大腸菌のゲノムに侵入しているλファージと呼ばれるウイルスの中にあったことだった。つまりこの毒素遺伝子はそのλファージが、その昔、赤痢菌か何かの菌に感染した際にウイルス配列内に獲得していたものであり、それがそのままの形で感染を介して大腸菌に運び込まれたものと推定された（図35）。さらに驚くべきことには、ベロ毒素2の産生遺伝子の方もまた別のファージの中に存在しており、これら二つの遺伝子が共にウイルスを介して別々にO157株に運び込まれたものと考えられた。

アンデルセン童話の「雪の女王」では、ずっと仲よしだった友達のカイの目に、「悪魔の鏡」のかけらが刺さったことでカイが急に意地悪になり、主人公のゲルダは悲しい思いをするようになる。ヒトと仲良しだった大腸菌に刺さったのは毒の遺伝子を持つファージであり、それにより凶暴な病原菌へと変化していたのである。

このような例は、実は大腸菌O157株に限らず、多くの病原性細菌、例えばジフテリア菌のジフテリア毒素、ボツリヌス菌のボツリヌス毒素、コレラ菌のコレラ毒素などでも報告されており、これらの毒素合成遺伝子はウイルス（ファージ）によって、病原菌へと運び込まれたと考えられている。この他にも抗生物質の耐性遺伝子をファージが持ち込むことにより、宿主が耐性化する例なども報告されており、ウイルス感染が細菌の性質を大きく変えたと考えられる多くの事例が知られている。

話は、海に飛ぶ。光合成を行う生物というと緑の草木たちが頭に浮かぶが、世界中のすべての陸上植物が行っている光合成の総量と同じくらい大量の光合成が、実は海でも行われている。その海洋における莫大な光合成を担っている主役の一人が、シアノバクテリアという原核生物である。リン・マーギュリスの細胞内共生説では、このシアノバクテリアが植物の持つ葉緑体の祖先であったとされている。このシアノバクテリアに感染するウイルスに、シアノファージと呼ばれる一群のDNAウイルスが存在する。このファージの興味深い点は、そのウイルスゲノムにいろんな宿主の遺伝子を取り込んでおり、それがウイルスの中で、宿主とは別の独自の変化を遂げていることだ。その中でも白眉なのが、光合成関連の遺伝子である。なんとウイルスが様々な光合成遺伝子を持っているのだ。しかし、考えてみればウイルス自身はエネルギーを作ることなどできない存在であり、光合成をするはずもない。では、一体何のためにそんな遺伝子を持っているのだろうか？

ファージの活発な増殖のためには、宿主細胞に充分なエネルギーが存在していることが前提だが、ファージが感染すると宿主の光合成関連遺伝子の発現が低下するため、そのままではファージが利用できる光合成をベースとした資源も欠乏してしまう。そこで役に立つのがファージの保有している光合成関連遺伝子である。これが感染細胞で活発に発現することにより宿主遺伝子を代替し、実際に宿主細胞で機能して光合成能力の低下を招かないようにしていることが示されている。

これ自体、ウイルスの感染戦略として面白い話であるが、より進化的に重要なのはこのシアノファージが持つ光合成関連遺伝子が、シアノバクテリアのような海洋の光合成生物の進化に役立ってきたという点である。その一つが直接的な水平移行であり、ファージを介して光合成関連遺伝子が、異なったバクテリア種に移行したと考えられる例が見つかっている。

もう一つはさらに複雑な話である。前述したようにこのシアノファージの中の光合成関連遺伝子は、宿主から獲得してから後に、ファージの中で独自の変化を遂げている。つまり宿主の遺伝子と配列は似ているものの、そのものではない。近年、このファージ上の光合成遺伝子と宿主ゲノムにある光合成遺伝子の間で遺伝子配列の組み換えが起こっていることを示唆するデータが得られている。つまり光合成細菌の光合成遺伝子がウイルスの遺伝子と部分的に混ぜこぜのキメラとなることで、遺伝子進化が加速されてきたようなのである。ウイルスが宿主遺伝子を保有している例は珍しくないが、これはその新しい進化的意義を示唆する興味深い話である。

2005年カーティス・サトルが『ネイチャー』に〝Viruses in the sea〟という有名なレビューを発表するが、そこでは海洋にもの凄い数のウイルスがいることが述べられている。それによると海洋の沿岸部では1mℓの海水当たり1億個、深海でも300万個のウイルスが含まれていると推定された。そこから計算された海全体に含まれるウイルス量は、重量で言えばシロナガスクジラ7500万頭分、全部一列に並べると長さは1000万光年の距離に達するというものであり、ちょっと凡人の想像力を越えたようなスケールの話となっている。このような膨大な数のウイルスからは控えめに見積もった推定でも、年間に1𥝱（ジョ）（1×10^{24}）個の遺伝子が細菌を中心とした宿主生物へと移行しているとされている。

もちろんそのほとんどは、単にファージ自身が宿主ゲノムへと侵入するものであろうが、その中には宿主から遺伝子を運び出したウイルスもおり、それによる遺伝子の水平移行やシャフリングのような様々なイベントを引き起こしていることは想像に難くない。海洋の生態系においてファージを中心としたウイルスは、各種生物の間で遺伝子をかき混ぜる役割を果たしているようである。これと関連した話を次にもう一つ紹介する。

遺伝子を運ぶ「オルガネラ」？

生物の細胞にはオルガネラと呼ばれる小器官が存在している。例えば、核やミトコンドリアや葉緑体などである。核にはＤＮＡが存在し、遺伝情報を子孫に伝える役割を果たしているし、ミトコンドリアは細胞のエネルギー工場でＡＴＰというエネルギー物質を生産し、また葉緑体は光合成を行う。このように細胞内に固有の役割を持ったオルガネラが複数存在することで一つの細胞が成り立っている。

30年ほど前に、ウイルスを細胞から細胞へと遺伝子を水平移行させるための「オルガネラ」に見立てた「ウイルス進化説」というものが提唱された。この説はウイルスの進化に対する役割をやや過大に評価しているとの批判も受けており、その是非はここでは問わないが、遺伝子を運ぶエージェントとしてのウイルスが生物進化に一定の役割を果たしていること自体は、これまで述べてきたように否定しようもない事実である。さらに言えば、ウイルスが関連した「遺伝子を水平移行するためのオルガネラ」のようなものが、本当に存在していることが近年明らかになっている。

それはＧＴＡ（Gene Transfer Agent）と呼ばれている存在である（図36）。この奇妙な存在が、最初に発見されたのは１９７０年代のことであり、非シアノバクテリアの光合成細菌である*Rhodobacter capsulatus*で、薬剤耐性遺伝子の菌株間の水平移行を促進する非ウイルス性、非プラスミド性の因子として報告された。ＧＴＡは形態的にファージとよく似ていたが、やや小型で、ファージのように次々と他の菌に感染するようなことはなかった。また、そこに含まれていたＤＮＡも通常のファージ（たとえばλファージであれば48kb）よりはるかに短い４～５kb程度のＤＮＡ断片であり、明らかにファージとは異なっていた。このＧＴＡの中に含まれていたＤＮＡ配列が調査されたが、その結果は極めて興味深いものだった。ファージであれば、その粒子

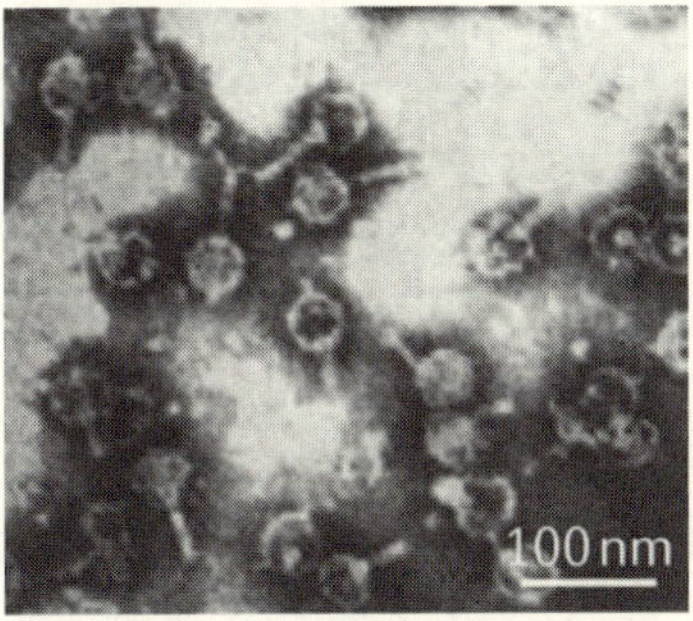

図36　*Rhodobacter capsulatus*に存在するGTA
原図はLang *et al.*（2012）より引用

の中には特定のファージDNAだけが入っているが、GTAに入っているDNAの配列は粒子毎に異なっているように見え、しかもそれらがすべて宿主細菌のゲノムDNAに由来するものだったのである。つまりGTAの中には宿主ゲノムの全域からDNAがランダムに取り込まれており、その中にはその細菌が持つ薬剤耐性遺伝子も当然含まれるため、それが他の菌株に受け渡されることで、水平移行を促進しているように見えたのである。もちろん、他の菌に渡されるDNAは薬剤耐性遺伝子に限られたものではなく、その他の領域も同様に水平移行していると考えられた。つまりGTAはさながら自身のゲノムDNAの一部をランダムに他の菌に水平移行するための「オルガネラ」のように機能していることが想定されたのだった。

このGTAが一体どのようにして作られるのか、GTAに含まれるタンパク質の配列から構成遺伝子の全容が明らかとなったのは、GTAの発見から約25年の時が過ぎた2000年のことであった。*R. capsulatus*のGTA（RcGTA）を作るための遺伝子は、同菌ゲノムの特定の場所に集中しており、その数は15〜17個でその多くがファージ遺伝子との類似性が高く、元々は宿主ゲノムに侵入してきたファージがベースになっているものと推定された。そのファージ遺伝子が宿主に利用されるようになり、宿主DNAを細胞外に輸送する「装置」となっていたのである。このような進化の様式は、第3章で紹介したポリドナウイルスの毒液とよく似ている。どちらも体内に侵入してきたウイルスが、進化の中で宿主DNAを細胞外へと運ぶ「装置」に変換されている。

　このGTAの発見は二つの意味で興味深い。一つ目は原核生物の世界ではこのようなウイルスが起源と思われる「遺伝子を水平移行するための装置」がシステムとして広く維持されているということである。GTAは、当初、発見された菌のみに見られる特殊な現象と思われていたが、その後の他種の細菌における研究やゲノム解析の進展に伴い、原核生物の大きなグループであるαプロテオバクテリア[*23]に属する多くの菌でGTA遺伝子が保持されていることが明らかとなった。αプロテオバクテリア内で見れば、種の系統関係と同じようにGTA配列も分化しており、αプロテオバクテリアの祖先となった菌が持つ仕組みが進化の中で保存され続けてきたと考えることが出来る。さらにRcGTAとは起源が多少異なると考えられるものの、GTAと同様の装置がβプロテオバクテリア[*23]、スピロヘーター[*23]、そして古細菌[*24]に至るまで存在していることも明らかとなっている。そうなると原核生物の世界で見られた多くの遺伝子水平移行が、このGTAを介した機構により長い進化の歴史の中で体系的に起こってきたとする仮説も、あながちあり得ない話ではなくなってきている。

　二点目はこのGTAによる遺伝子の水平移行は、異なる細菌個体間での遺伝子の交換、すなわち「交配」の一種と考えられるが、その様式の特殊性である。現在のところ、GT

Aは溶菌（菌の細胞が溶けること）によって外に放出されると考えられているが、もしそうであるなら、GTAを放出する個体は自分のゲノムDNAを4〜5kbの細切れにして他の個体に託し、自らの命を絶っていることになる。細菌の世界で一つの細胞を「個体」と考えるべきなのかは議論もあろうが、自己犠牲的にも見える壮絶な生き様である。なんとも驚くべき「交配」の様式と言えよう。このようなシステムがどうやって出来てきたのか、またその誕生にウイルスがどう関連してきたのか、興味は尽きない。

注釈

＊22　**非コード領域**　ゲノム配列の中でタンパク質を作る遺伝子配列以外の部分を指す。ヒトのような高等生物では、この非コード領域がゲノムの大部分を占めることが知られている。

＊23　**αプロテオバクテリア・βプロテオバクテリア・スピロヘータ**　すべて真正細菌の大きなグループの名称。スピロヘータは「門」、αプロテオバクテリアやβプロテオバクテリアは、その下位の「綱」にあたる分類群となる。

＊24　**古細菌**　現在の生物は真核生物、真正細菌、古細菌の3つのグループ（ドメイン）に大別されており、その一つにあたる分類群。現在の生物の多くが生育するのが難しい過酷な環境下で生育する菌（超好熱菌・高度好塩菌など）を多く含むという特徴を持つ。

第5章

ウイルスから生命を考える

手足のイドラ

第2章で「丸刈りのパラドクス」という「生命とは何か?」、「ウイルスとは何か?」を考える上でありがちな混乱について書いたが、本章ではもう一つの重要な混乱に関する話から始めたい。それを本書では「手足のイドラ(幻影)」と呼ぶ。[*25] これは図37に示したような問題である。左の図はアデノウイルスを模式的に描いたものであるが、幾何学的な形をしており、ウイルスが通常の細胞性生物とはまったく異なった姿をしていることがよく分かる。中図はその断面図であるが、このように切ってみるとウイルス粒子から飛び出たペントンファイバーと呼ばれる突起が手足のように見える。[*26] 右図ではそこに目と口をつけてみた。ほら、こうするとウイルスが「生きている」ように見えないだろうか?

この「手足のイドラ」とは、人が「生命とは何か」を考える時に、目に見える高等動物や植物、あるいは教科書的によく知られている生物などの在り方に思考が引きずられてしまうことから生じがちな誤謬の指摘である。我々が直観的に感じる「生きている」ものの特徴、例えば、動く、温かい、呼吸をする、表情があるといったことは基本的にはヒトや哺乳動物のイメージから来ている。しかし言うまでもなく、この地球上には哺乳動物とはまったく違う多種多様な生物たちが棲息しており、その中には、これって生きてるの?

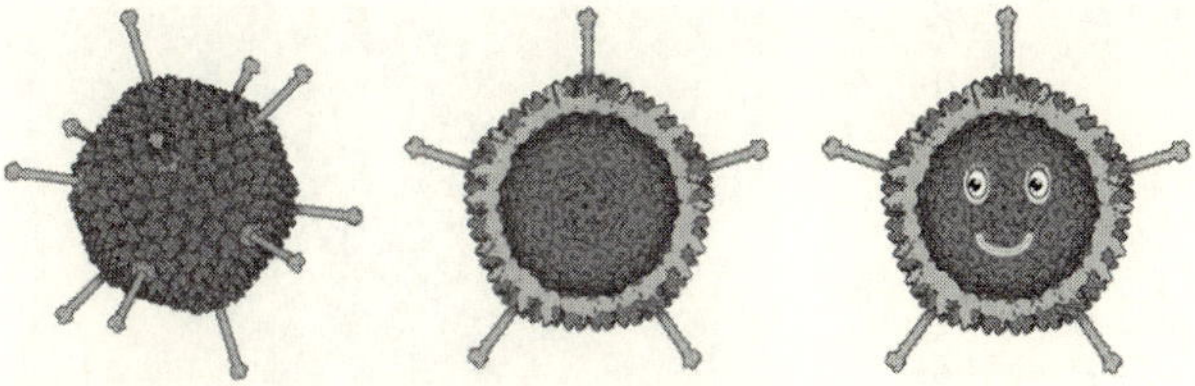

図37　手足のイドラ(幻影)
原図はProtein Data Bank (http://pdb101.rcsb.org/motm/132) より引用

それで生物と言えるの？　と思うような生き物も少なくない。

この章ではそういったちょっと風変わりな生物たちの紹介に始まり、それを通じて多種多様な生物たちに共通する生命現象の本質とは何かを考えてみたい。そして、本書の主役であるウイルスが、「生きている」と呼べる資質を持っているのか？本章ではその大命題について、これまで紹介してきた生物界における様々なウイルスの在り様と合わせて、読者の皆様と一緒に考えていければと思っている。

「移ろいゆく現象」としての生命

ナマケモノの顔が好きである(図38)。自分が生来、怠け者なので親近感があるという点を除いても、あんな人が好さそうな顔の動物を私は他に知らない。ナマケモノがなぜ怠け者に見えるのかと言えば、動きが鈍く、木にぶら下がって一日20時間も眠っているからだ。しかしどうして、このナマケモノはただの怠け者ではなく、そのライフスタイルは究極的に地球に優し

図38　ナマケモノ

い。ナマケモノは体長50〜60㎝と、やや手足が長い乳幼児くらいの大きさだが、その大きさで一日に葉っぱをわずか10g程度しか食べない。糞尿も一週間に1回程度だそうである。厚生労働省の「国民健康・栄養調査」によれば、平均的な日本人の一日当たりの摂取食事量は約2000g（飲料を含む）であるから、ナマケモノがいかに省エネの生き物であるか分かるだろう。ナマケモノが木にぶら下がって一日の大半を過ごし動きが鈍いのは、それくらい少ないエネルギーしか体に入れなくても生活できるよう適応進化してきたからなのだ。このナマケモノの近縁種に、かつてオオナマケモノ（メガテリウム）という動物がいた。このオオナマケモノは、ナマケモノより怠けていたからオオナマケモノと名付けられたわけではなく、地上で活動し食欲も旺盛で、成長すると体長6m、体重3t程度にもなったと推定されている。この大きなオオナマケモノは、ナマケモノよりも活動的でより積極的に生きている様にも見える。しかし、オオナマケモノの方は進化の中で絶滅してしまい、生き残ったのは木の上で「怠けていた」ナマケモノだった。これもちょっと不思議で面白い話ではある。

それと関係するような、しないような、驚くべき論文が近年、日米欧の研究チームから次々と発表された。それは例えば３０００ｍを越すような深海の底の、その下さらに数百メートルの地下に、とてつもない数の細菌がおり、それらの大部分が地球表層に棲むタイプとは異なる非常に小さな古細菌であったというような話だ。光も届かない酸素もほとんどない何千メートルもの深海の底の、さらにその地下など、温度も０℃近辺で生物が生きていくための何のエネルギー源もなく「生物などいない」と、かつては思われていた。しかし、我々の感覚からすればとても生き物が棲めそうにないそんな場所に、実際には１㎖当たり１億個を越える古細菌が存在していたのだ。

これら古細菌の大部分はエネルギー源が極端に乏しい状態に適応しており、ナマケモノがゆっくり動くように、これらの細菌も極めてゆっくりと生命活動を行っていると考えられている。これらの菌は実験室ではほとんど代謝活性がないように見え、数百年、あるいは数千年に一回程度しか細胞分裂をしないのではないかと推定された。驚くべき超スローペースの増殖スピードである。よく知られた真正細菌の大腸菌なら、20分で１回細胞分裂を行うので、この海底の古細菌の細胞分裂のスピードはその数百万分の一以下ということになる。２０１１年には、これら海底の微生物の代謝速度が実験的に計測されたが、実際、それは大腸菌の10万分の1以下とされた。もし、大腸菌の増殖スピードを新幹線にたとえるなら、大腸菌が東京から出発して大阪に着いた頃、これら古細菌の方は東京駅のホームをわずか数メートル動いているに過ぎない。カタツムリ並みである。これほどスピードが違うものを同じカテゴリーに属する存在として考えるべきなのか、疑問が生じるレベルだ。我々が通常「生物」に対して持つダイナミックなイメージからすれば、これら古細菌はまるで「石のように」動かない。

しかし、考えてもみよう。ナマケモノの例からも明らかなように、早く動いたり早く増殖したりするためには、多くのエネルギーが必要とされる。大腸菌やヒトの細胞が、現在のスピードで増殖できるのは、高エネルギー源となる有機物が周囲の環境に多量に存在しており、それを摂取できるからである。有り体に言えば、豊富な食べ物(他の生物やその排泄物)が周囲にあるからだ。しかし、それがない深海の地下ではヒトや大腸菌のような高エネルギー消費型の生活はとても望めない。「最初の生命体」が生まれた時も、状況は同じであったろう。初めて誕生したのだから他の生物は存在しないし、もし存在しても他の生物由来の有機物を摂取(例えば捕食)するような機能も持たなかったろう。だから深海の古細菌と同じで、爪に火をともすように細々と生きていたはずである。そうした清貧の初期生命体が増殖するにつれて、彼らの死骸や排泄物といった高いエネルギーを持つ有機物が環境に少しずつ増えてくる。そうなると今度はそれを利用して生きていく生物たちが出現してくることになる。それらの中には生きた他者を「捕食」したり、それに寄生したりする生物たちも現れるようになっていくだろう。そして、その進化の先端に我々ヒトのような大型化した生物がいる。

このヒトは「初期の生命体」等から見れば、途轍もなく「異様な生き物」である。たとえば単細胞である大腸菌とヒトを比較してみよう。大腸菌の大きさは2〜3μmであり、ヒトの身長を約1〜2mと計算すれば、その比は50万〜100万倍程度である。もし、大腸菌をヒトの大きさと仮定すれば、我々ヒトは概ね日本列島の本州と同じくらいの大きさになる。大腸菌は1細胞、ヒトは60兆個[*27]とも言われる細胞から成り立っており、大腸菌が人間一人であれば、我々ヒトは60兆人（現在の世界人口の約一万倍）もの人間が本州全土を隙間なく埋め尽くした生き物ということになる。途方もない巨大さである。そんな巨大な構造体が60兆もの細胞を統合し、一つの生き物として動いているのだ。大腸菌からすれば、想像もできないようなことである。

しかし、増殖スピードが驚くほど違う地中の古細菌と大腸菌も、そしてそんな細菌たちとは大きさも複雑さもまったく違う人間も、進化の中ですべてつながっている。一見、とても同じカテゴリーに属する存在と思えないような生物間の違いは、長い時間をかけて生物が漸進的に変化していった結果、生じたものである。生命の本質は、この漸進的に（かつ、恐らく半保存的に）変化・発展していくことにある。変化し、移ろいゆくことが本質であるのなら、表面的な姿・形や機能は時とともに変わっていくのが定めである。高度な知性を持つ人類が現れた現在であっても、実は変わりゆく「生命という現象」の一断面を見ているに過ぎない。たとえばこの先、数十億年の時間が流れれば、現在常識のように思えている生命の姿・形やそれを支えている「原理」の様に見える機構も、その時の環境に応じて変わっている可能性はあるように思う。何が生命なのかを考える上で、この「移ろいゆく生命」の表面的な変化に目を奪われては「丸刈りのパラドクス」に陥り、えてして進化の最先端にある高等生物との類似性を重視した「手足のイドラ」に囚われてしまう。

ウイルスと代謝

この文脈で、よく言われる「ウイルスは代謝をしないので生物ではない」という主張を考えてみよう。代謝という言葉自体、曖昧さを含んでいることは否めないが、大雑把に言えば生物が自己を維持するために外部から物質を取り入れて、それを利用し排出するまでに行う一連の化学反応のことである。生命活動の維持に必要な物質の合成、エネルギーの生産、不要物の代謝と排出、そういったものがすべて含まれている。

しかし、自己を維持するために行う化学反応全般ということになると、維持すべき自己が如何ようなものか？　あるいは、その自己がどんな環境下で、どういう戦略で生存しているのかといったことが、その内実に大きく影響してくることになる。言葉を変えれば、「生命に必要な代謝系」とでも言うべきものが、必ずしも確固たるものとして定まっていないように思えるのだ。たとえば常識的に考えられる「生命に必要な代謝系」というものが仮にあるとして、ヒトはそのすべてを保有しているのだろうか？

答えは明白にノーである。実は、ヒトは生命活動の基本中の基本とも言えるアミノ酸合成系のいくつかを欠いている。生命活動に必要な20種ほどのアミノ酸のうち9種はその合成系を欠いているか、あっても自己の維持に必要な量を作り出すことが出来ない。これらが必須アミノ酸と呼ばれるものであり、我々はこれを体外から摂取しないと生きていけない。大腸菌などの細菌や植物がすべてのアミノ酸を合成できるにもかかわらず、進化の頂点にあると自負するヒトがそれを出来ないのだ。

これはヒトが他の生物を捕食して摂取するという生存戦略を採っているからである。生きた生体というのは高エネルギー物質の塊であり、アミノ酸やそれがつながったタンパク質が豊富に含まれている。つまりヒトは自分に必要なアミノ酸を自分の周囲の環境から捕食により取り入れることにして、その合成のための代謝系を放棄してしまったと考えられる。つまりヒトは自己の維持に必要な代謝系の一部を外部環境に依存しており、決して自己完結していない。

「いや、いや、各種生物が持つ代謝系に多少の違いはあっても、エネルギーを合成したり、タンパク質を合成したりといった、もっと基礎的な機能は生物に共通してるでしょう」と言う人もいるかも知れない。たとえば第2章で3Dプリンターと紹介したリボソームである。リボソームは核酸上の遺伝情報に基づいてタンパク質を作り上げる細胞内の複合体であるが、そこで合成されるタンパク質は生物に特徴的な物質であり、遺伝物質の複製やエネルギー代謝といった基礎的な生命活動に深く関わっている。実際、このリボソームを保有することを「生命の必要条件」だと考える人も少なくない。

しかし、実はこれにも例外がある。第3章で昆虫の細胞内共生菌の話を紹介したが、その一種にカルソネラ・ルディアイというキジラミの共生菌が知られている。この菌はキジラミの菌細胞という特殊な細胞の内部に棲んでおり、宿主にアミノ酸を提供し、宿主から炭水化物を得るという相利共生をしている。この細胞内共生は約2億年の歴史があると考えられており、キジラミの親から子へと代々カルソネラは受け継がれてきた。この2億年ずっと宿主の細胞の中で暮らしてきたカルソネラはその環境に適応を続け、そこで暮らして行く上では必要のない遺伝子を次々とゲノムから捨て去ることを繰り返した。その結果、カルソネラはリボソーム複合体を構成するのに必須と考えられている約50個の遺伝子のうち、15個をすでに失っている。つまりカルソネラは自己が保有する遺伝子だけでは、リボソームを作ることができない。宿主からリボソームを作るタンパク質を借りるか、宿主にリボソームごと借りるかしないと、自らの遺伝子からタンパク質をつくることができないと考えられる。この例はタンパク質合成という生命の根源に関わるような代謝系であっても、生物はそれを外部の環境に依存することがあり得ることを示している。

また、似たような話にファイトプラズマという植物病原性細菌がある。ファイトプラズマは宿主細胞内に寄生することでしか生きていけない特殊な病原細菌であるが、[*28]全ゲノムが決定されたファイトプラズマ・アステリスではエネルギー合成の鍵酵素であるＦ型ＡＴＰ合成酵素をゲノムから失っていることが明らかとなった。ＡＴＰは細胞内のエネルギー通貨とも言われる物質であり、ＡＴＰ合成酵素は生体膜における電気化学的ポテンシャルを用いてそれを産生する。これは細胞のエネルギー調達にとって必須と考えられている経路であり、真核生物・原核生物を問わず保存されている。しかし、ファイトプラズマは、宿主細胞に寄生して自分に必要な代謝物の多くをそこから直接取り入れる生活に適応しており、Ｆ型ＡＴＰ合成酵素というエネルギー生産の心臓部さえ捨て去っている。このように「リボソームによるタンパク質合成」や「生体膜におけるＡＴＰ合成」といった生命にとって根源的に思える代謝経路であっても、一種の生物として単独でそれらを保有することは決して必須ではないのである。

また、生命が誕生してきた過程を考えてみよう。現在、生命の起源は単純な化合物が徐々に高分子化して誕生したとする「化学進化説」が最も有力な仮説として考えられているが、この前提に立てば生命は物質から進化してきたことになり、物質と生命とは原則的に連続している。そしてもしそうであるなら、生命の初期においてはリボソームを持たないこともＡＴＰを作れないことも、また当然のことである。しかし、矛盾するようであるが、初期の生命がどんな形であったとしても、それが複製するためにはエネルギー生産や自己複製のための材料にあたる基質の合成などが必要だったはずである。この論理矛盾を解消するためには、自己の代謝系を持たない初期生命は、それらすべてを外部の環境に依存していたと考えざるを得ない。

たとえば１９８８年にギュンター・ヴェヒターショイザーにより提出された表面代謝説では、鉱物である黄鉄鉱（FeS_2）の表面における化学反応により種々の生体分子の重合が起こったとされ、それが生命の最初の「代謝」となったと提唱された。また深海底の熱水噴出孔では、豊富な熱源による温度変化や硫化水素による還元力といった化学反応を促進するエネルギーが絶え間なく供給されており、それが初期生命の誕生を促したと考えている研究者も少なくない。いずれにせよ初期生命においては、そういった外部環境が彼らの代謝系そのものであったと考えることが自然である。

「生命」は40億年の進化の過程で、自己を維持するための「代謝」を極度に環境に依存した状態から、より多様な環境下でもその維持が可能となるように少しずつ進化していったように思われる。「細胞」という構造は、そういう自己の維持に適した環境を「持ち歩く」ために生じたものなのかも知れない。その「自立」の過程においては環境への依存度が異なる様々な形態があっただろうし、持っている代謝系の充実度も異なっていたはずである。現在でもここまでに紹介してきたように、自らを取り巻く環境への依存度が大きく異なる様々な生物が存在しており、それらが保持している代謝系は実際大きく異なっている。より広く生物全体を見渡せば、またより長い時間軸で考えれば、生物が持つべき代謝系、などというものは決して定まっておらず、所詮「移ろいゆくもの」としか私には思えない。彼らは皆、その時、その場所で自らの周囲にある環境に適応し、そこで増殖できる(存在を維持できる)から、そうしている。それ以上でも、それ以下でもない。

こういったことを考え合わせると、確かにウイルスの多くは自己ゲノム内に代謝関連遺伝子を保有しないが、それを根拠に生物から除外することは本当に妥当なのだろうかと思う。開き直るようであるがウイルスに言わせれば、自ら代謝などせずとも、そこに自らの存在を維持できる環境があれば、それを利用して増殖して、一体何が悪いのか？　お前だってアミノ酸作れないだろ、となる。実際、これだけ「リボソーム」も「ＡＴＰ合成装置」も自分を取り囲む「環境」に多数存在する中、一体、どうしてそんなものを自らのゲノムに取り入れる必要があるというのだろう？　彼らは初期の「生命の素」がそうであったように、あるいは極端に退行進化した細胞内で暮らす細菌のように、周囲に利用できる環境があるから、それを利用しているだけではないだろうか。「ウイルスは代謝をしないから、生物ではない」とするのは、教科書的に教えられた「生物」のイメージに引きずられ「手足のイドラ」に陥っているようにしか、私には思えない。

生命の鼓動

では、生命の特徴が「移ろいゆく」ものであるとしたなら、一体、何が生命の本質を支える仕組みなのだろう？　物質から生命が誕生して以来、変わらずに続く「生命の根源的な営み」とでも言うべきものが、何かあるのだろうか？

もしも、そのようなものがあるとするなら、それは「ダーウィン進化」ではなかろうかと、私は思う。試験管内自己複製系[*29]により生命の起源を探求してきた、この分野の第一人者ともいえるジェラルド・ジョイスは、かつて生命の定義について〝Life is a self-sustaining chemical system capable of undergoing Darwinian evolution（生命とは、ダーウィン進化する能力を持つ、自続的な化学システムである）〟とした。この言葉はＮＡＳＡによる「生命の定義」にも採択されている。

生命の最大の特徴は、自己を維持しながらも、そこからの展開・発展を繰り返すことであり、これが進化と呼ばれるプロセスである。この進化とは「移ろいゆく現象」そのものであり、それがこの地球上における驚くほど異なった多様な生物たちの存在につながっている。しかし、進化を生み出す基本的な原理（ロジック）は不変であり、それが脈々と続く生命の本質ではないかと思うのである。

まず最初にダーウィン進化を簡単に説明したい。これは有名な19世紀の自然科学者、チャールズ・ダーウィンが提唱した自然選択による生物の進化を指す言葉であり、骨子は以下のようなものである。

1．遺伝する変異：生物が持つ性質は各個体で違い（変異）があり、その違いは親から子へと遺伝する。

2．存続をめぐる争い：一定の環境で生存できる生物の数には限りがあり、各個体の違い

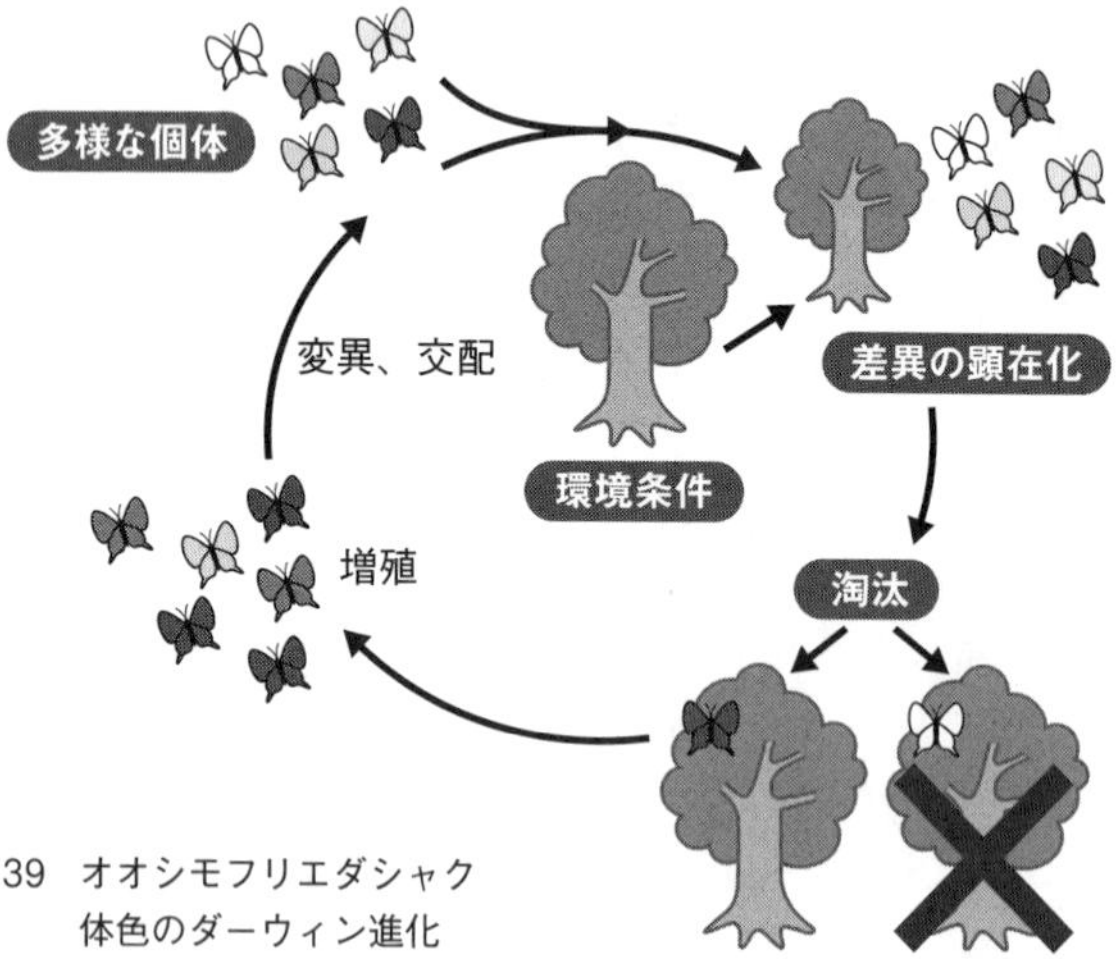

図39　オオシモフリエダシャク
体色のダーウィン進化

（変異）に応じて生存・繁殖の確率が異なる。

3．有利な変異の保存：その結果、有利な変異を持った個体が、より多くの子孫を残し、不利な変異を持った個体が淘汰されることになる（自然選択）。

図39はダーウィン進化の例として有名な、蛾の一種であるオオシモフリエダシャクの体色変化のモデルである。暗い色の木が多い環境下では、様々な色の羽を持った蛾の中でも暗い色の羽を持つものが、天敵により発見され捕食される確率が低くなる。その結果、暗い羽の蛾が選択的に増殖するサイクルが繰り返され、徐々に蛾の集団全体の体色が暗くなっていくことを示し

ている。

このダーウィン進化で起きていることを単純化して言えば、「試行錯誤を行い、成功体験を蓄積していくサイクルを繰り返す」ということである。この文脈の「試行錯誤」とは、様々な変異を持った子孫を作り出すことであり、その中で環境に適応した性質を持ったものが子孫を多く残す(複製する)ことで、その「成功体験」が結果として蓄積されることになる。そしてそれを受け継ぐものが、さらに変異を持った子孫を作ることにより、その成功をベースとして、更なる発展を起こすことが可能となる。

情報という観点でこのダーウィン進化を見た場合、重要な特徴はこれまで得られている「有用な情報」、すなわち親が持つ形質を基本的には受け継いだ上で、そこに新たな変異を加えていることである。ゼロからなにか凄いものを作り上げるのではなく、現在持っている土台に改良を繰り返し加えることで継続性のある漸進的な変化を生み出している。言葉を変えれば、有用な情報の積み上げ、つまり蓄積が起きているということである。これは例えば、昔は重いものを運ぶのに丸太をおいて転がしていたものが、台車の軸に丸く切った木を打ち付けた車輪へと改良され、さらにそれを鉄製にすることで耐久性が向上し、そこにゴムを巻きつけることで振動を軽減していったというような発展の様式である。決して、いきなり現在使われているタイヤが現れた訳ではない。この「有用情報の蓄積」によ

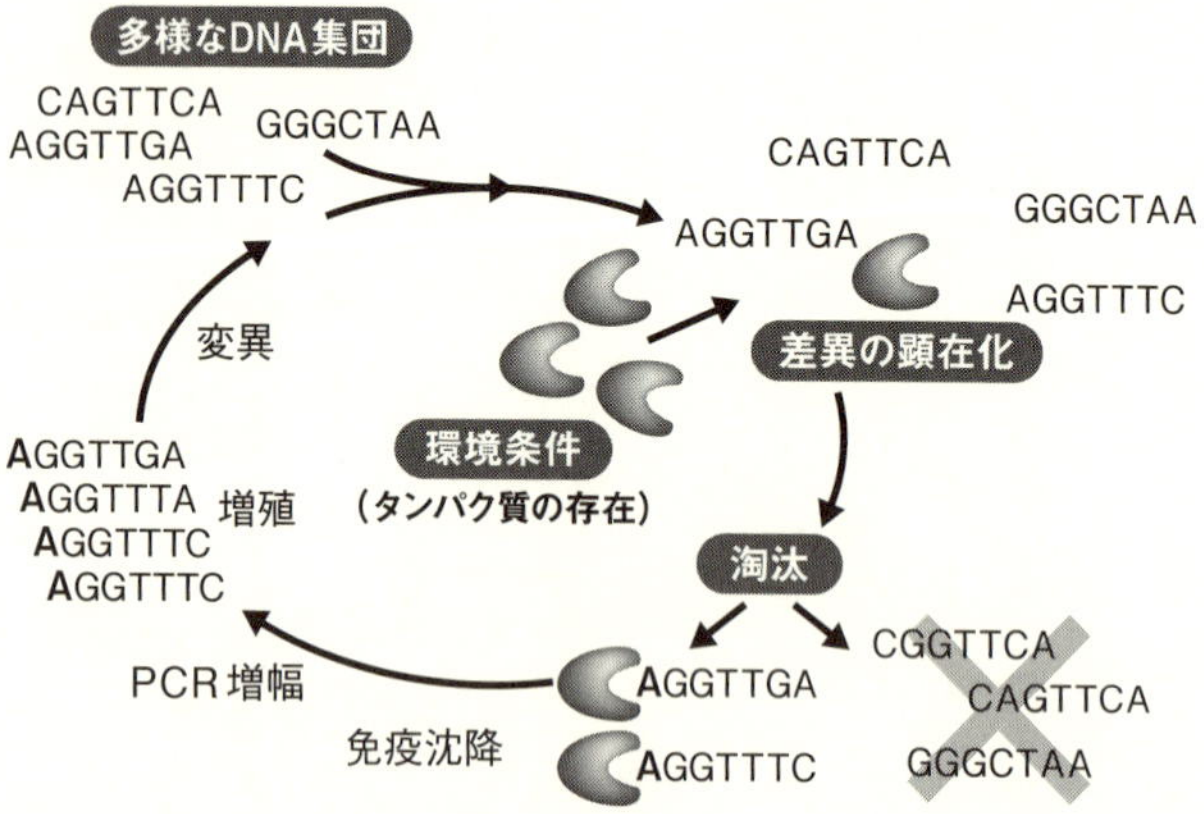

図40　SELEX法によるDNAの試験管内進化
多様な核酸集団から、特定のタンパク質に結合するものだけを免疫沈降法[*30]という手法により集め、PCRで増幅するため、それ以外の核酸種は淘汰される ことになる。この例ではAから始まるDNAが優先的に増えている

る生物進化は、情報の「変異」と新情報の「保存」のサイクルが繰り返し現れることで起きており、この周期的な営みを「生命の鼓動」と前著『生命のからくり』では呼んだ。

実はこの「生命の鼓動=ダーウィン進化」は、単なる「物質」と見なされている分子にも宿り得る性質である。その実例として、ここではSELEX (Systematic Evolution of Ligands by EXponential enrichment) 法を紹介しよう。この手法は特定の物質（タンパク質など）に結合するDNAやRNA分子を試験管内で「進化」させていく目的で、実際の研究の場でもしばしば用いられている。図40に「ダーウィン進化」の例に模してその原理を示しているが、この方法では様々な配列を持つDNAの集団から、対象となる物質と結合するものだけを集めて、PCRという手法で増幅（複製）している。そのことにより対象と結合する性質を持つものが優先的に「増殖」することになる。このDNAを増幅する過程で起きる複製酵素のエラーや、新しい配列を持ったDNAを人為的に加えるようなことで、さらにDNAの多様性の増大（変異）が生まれ、その多様化した集団を対象の物質との結合で再び選抜し、PCRで増幅する。このプロセスを繰り返すことで、対象とより強く結合する性質（配列）を持つDNAが少しずつ選抜されていき、最も強く結合するものが最終的に「選択」されることとなる。つまりDNA配列の変化という「試行錯誤」により、特定の物質と結合するという「成功体験」が繰り返し蓄積されていくサイクルとなっている。これによりあたかもDNA配列が目的の物質と結合するように、試験管内で「ダーウィン進化」していくようなことが起こっていく。

このような例は特殊な実験条件下のものと思われるかもしれないが、PCRに用いられているDNA複製酵素のようなタンパク質からなる〝酵素〟がなくとも核酸（またはその類縁体）の複製が起こることは様々な実験系で示されている。そこに例えば「粘土鉱物との結合により、その物質の環境における安定性が増加する」といった選択圧を想定すれば、自然条件下でもこのような物質の進化が起こる可能性はあながちあり得ない話でもない。

ただ、留意して頂きたい点は、このような物質の「進化」は、何の物質にでも起こる現象ではなく、そのための原理（進化のロジック）を内包しているものでなければ起こらないということである。その必要条件は二つあり、一つは自己のコピーを作る仕組みを持つこと、すなわち複製が可能な構造をしていること。そしてもう一つはそのコピーにバリエーション（変異）を生み出す性質を持っているということだ。これは生物が進化するために必要な性質と本質的には同じことである。この複製と変異という「進化のロジック」を内包する物質は自然界で稀有な存在ではあるが実在しており、その代表が例に挙げた我々の遺伝子、そうＤＮＡである。ただ、それは決してＤＮＡだけが持つ特性ではなく、例えばＲＮＡもそうであるし、初期の遺伝担体として提唱されているＴＮＡ[*31]（Threose Nucleic Acid）やＰＮＡ[*32]（Peptide Nucleic Acid）といった物質もそういった二つの性質を兼ね備えている。

かつて『利己的な遺伝子』を著したリチャード・ドーキンスは「生物は遺伝子（ＤＮＡ）の乗り物に過ぎない」と説いたが、彼は生物のダーウィン進化とは、実は生物そのものが受けるのではなく、その中にあるＤＮＡの配列が単位となって、自然選択が起きていると考えた。つまり一般的には生物個体や生物種というような単位で淘汰が働くと考えられがちであるが、実際それが及んでいるのはその生物が持つＤＮＡ配列の短い単位であると提唱したのだ。もし、そうであるなら生物進化が進んだ現在においても、ダーウィン進化を受けている実体は実は物質（ＤＮＡ）であり、生命が誕生した化学進化の時代から本質的にはずっと同じこと（物質のダーウィン進化）が続いていると考えることができる。ここで貫かれているロジックは一つであり、その環境で増殖できるものが増え、より安定して効率よく増える方向へと変化していく、ということである。それが物質から生命進化に至るまで、ずっと変わらずに続いているのかも知れないのだ。

このような仮説は決して夢物語ではないが、現状では十分な科学的根拠があるとも言い難い。あくまで理論的には有り得るというレベルの話である。最大の問題は「進化のロジック」を内包した物質が、そういった発展する現象を継続させていくためには、そのサイクル、つまり「生命の鼓動」を駆動できる「環境」もそれに伴って提供され続けなければならないという点である。現在の生物では、「細胞」というＤＮＡが増幅するために最適化された「環境」が提供されており、その継続性には疑いはない。しかし、細胞を得る前の「物質」を考えると、自己が分解される前にそのコピーを作り出し得る環境が、恐らく数億年という単位で継続して提供されていなければならない。それは確かに難事のようにも思えるが、「どこかで起こったはずである」、そう考え研究を続けている科学者は決して少なくない。彼らの今後の研究の進展に期待したい所である。

ここではあくまで理屈の上の話に過ぎないが、二つのことを強調しておきたい。一つは「進化のロジック」を持った物質の誕生は、有用情報を「蓄積」するための物理的な基盤が成立したことを意味しており、そのような物質の存在なしに何かが積み上げられるような継続性を持った現象が起こる可能性は極めて低いということである。少なくとも現在、遺伝物質なしに進化の継続性を説明するロジックは存在しない。二つ目は「進化のロジック」を内包している分子は適した環境さえ存在すれば、内包された「生命の鼓動」が動きだし「進化」が起こるが、それを持たない分子は、どんな環境が与えられても進化を起こせないということである。それは決定的な差である。以上の2点から、私は「進化のロジック」を有した分子の登場が、生命誕生における最大のターニングポイントであったと考えている。

そして本書の主役であるウイルスであるが、ウイルスは例外なくＤＮＡやＲＮＡといった「進化のロジック」を内包した装置を保有しており、「生命の鼓動」を奏でている存在である。この装置には次々と新しい機能を生み出す性質が備わっており、我々が毎年感染型の違ったインフルエンザに悩まされるのはそのせいである。そして、驚くことにそれらがなべて１９１８年のスペイン風邪を起こしたウイルスの末裔というのも、その装置が持つ継続性ゆえのことである。

生命の本質を、この「生命の鼓動」による進化と考えるならば、ウイルスは当然、生命の一員ということになるが、それを受け入れることが出来る読者も出来ない読者もおられることだろう。これはこういう問題に集約されるかも知れない。たとえばこれから10億年後に、現在のウイルスを起源とする「細胞性生物」が誕生することがあるのだろうか？という命題である。もし、ウイルスと生物の間に連続性があるのなら、そういった進化が起こっても決して不思議ではない。ウイルスは生物と同じような様式で発展・展開を続けることが出来る存在であり、生物が40億年の時をかけて核酸様の物質から現在の姿にまで進化してきたとするなら、様々な環境下に存在しているウイルスの中には、細胞性生物へと向けた進化をするものもあるかも知れない。もし、そのようなことが起こるのなら、ウイルスと生物は明らかに連続しており、現在のウイルスも生命ある存在とみなすべきだろう。この問題は、終章で改めて取り上げてみたい。

注釈

＊25　**イドラ**　ラテン語で偶像を意味する言葉を語源とし、幻影と訳される。16世紀の哲学者フランシス・ベーコンが人間の先入的謬見を指摘するのに用いた4つのイドラ（種族のイドラ、洞窟のイドラ、市場のイドラ、劇場のイドラ）が有名。

＊26　**ペントンファイバー**　アデノウイルス粒子の正20面体の各頂点に位置する12個のカプソメアの名称。粒子から飛び出たファイバー状の構造を持ち、このペントンファイバーを介して宿主細胞に侵入する。

＊27　**ヒトの細胞数**　近年の推定値では37兆2000億個とする報告もある（Bianconi et al. 2013）。

＊28　**F型ATP合成酵素**　ほぼすべての生物が持つと考えられるATP合成酵素であり、プロトン濃度勾配と膜電位を利用して、ADPとリン酸からATPを合成する。

＊29　**試験管内自己複製系**　無生物環境で、核酸などの単純な物質を自己複製させる実験系。様々なものが提唱されており、中には核酸の合成酵素も用いずに、基質と鋳型を混合するだけで、鋳型依存的な核酸の合成が起こる系も知られている。

＊30　**免疫沈降法**　抗体を用いて、特定の物質だけを沈澱して単離する方法。一例を挙げれば、抗体を磁気ビーズ担体と結合させておき、磁石を使って担体を集めることで、それと結合している目的の物質を単離することが出来る。

＊31　**TNA**　トレオ核酸。DNAではデオキシリボースという五炭糖が骨格として使われているが、トレオ

ースという四炭糖を骨格とした核酸のこと。四炭糖は五炭糖より単純な化学反応で生成することから、現在のDNAやRNAの前駆体となった可能性があると考えられている。

＊32 **PNA** ペプチド核酸。ペプチドはデオキシリボース等と比べると、単純な化学反応で生成し、化学進化の初期に比較的多く存在したのではないかと考えられている。そこで、ペプチドを骨格とした核酸が存在したのではないかという仮説が提出されている。これは、現在の核酸—タンパク質による生命システムを一つの分子で体現したような分子であり、これまで自然界では発見されていないが、人工的には合成されており、実際にDNAのような二重らせんを形成することも示されている。

終章

新しいウイルス観と生命の輪

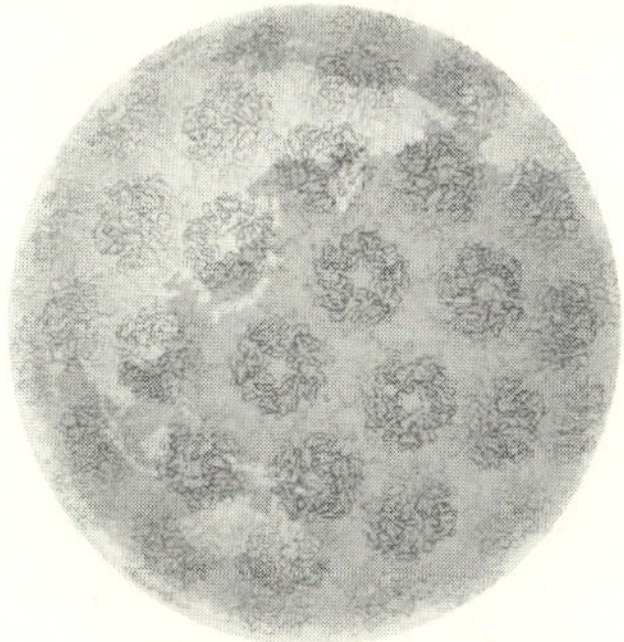

開かれた「パンドラ」の箱

チリはアンデス山脈に区切られて、南アメリカ大陸の西海岸に張り付くように南北に細長く伸びた国である。そのチリ中部の海に面した海浜都市アルガロボの北部で、トゥンケン川という小さな川が太平洋に流れ込んでいる。ギリシャ神話の「パンドラの箱」にちなんで命名されたというパンドラウイルスは、その海に面したトゥンケン川河口の堆積物の中にいた小さなアメーバから発見された。

ギリシャ神話によれば人類最初の女性である美しきパンドラが持つその箱には、人類のあらゆる災厄が詰まっており、神から「決して開けてはならない」と言われて渡されたとされる。この神話の細部については諸説あるようであるが、いずれにせよ、ギリシャ神話のオルフェウスや日本神話のイザナギに課された「見るな」の禁忌、また浦島太郎物語の玉手箱等の「してはいけない」の禁忌を、人類が好奇心を抑えきれずに破ってしまうというモチーフが原型となった神話である。その文脈で言うなら「人類が知ってはいけなかった」ウイルスとでも命名されたのがパンドラウイルスである。巨大ウイルスハンターとして名高いフランスのウイルス学者ジャン＝ミシェル・クラヴリらが、『サイエンス』にその驚くべき全貌を発表したのは、２０１３年7月のことであった（図41）。

採取当初、彼らはそのウイルスを〝NLF：New Life Form（新しい生命の形）〟と呼んでいたという。なぜなら、それは細胞構造を持っておらず、普通の生物でないのは明らかであったが、ウイルスとしてもあまりに奇異な形態をしていたためだ。その粒子の大きさは長さ1μm、幅0・5μmと報告されており、ウイルスとしては初めての1μm超えを果たした。これまで本書で紹介してきた一般的なウイルスであるインフルエンザウイルスやHIVなどの大きさは0・1μm程度であり、体積比にすれば1000倍程度の大きさになる。これはむしろ細菌に近いサイズであり、例えばその代表とも言える大腸菌のサイズ（2μm、幅0・5μm程度）と比較すれば、そのことが了解頂けると思う（図42）。第1章で紹介したようにウイルスは目の細かいフィルターをすり抜ける濾過性病原体として発見された訳であるが、パンドラウイルスは当然フィルターに詰まってしまう「非濾過性」であった。また、そのウイルス粒子の構造も独特であり、キャプシドの内側に脂質膜が存在し、その内部にウイルスゲノムである二本鎖DNAが含まれていた。キャプシドはさらに3層からな

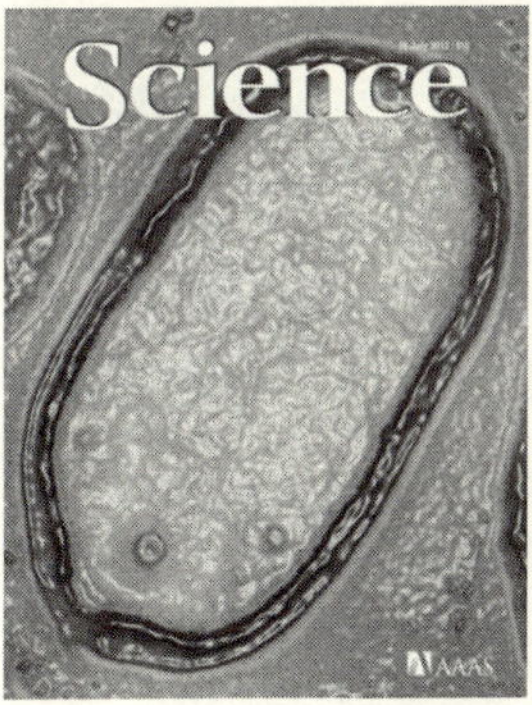

図41 『サイエンス』の表紙を飾ったパンドラウイルスの発見
Science2013年7月19日号表紙

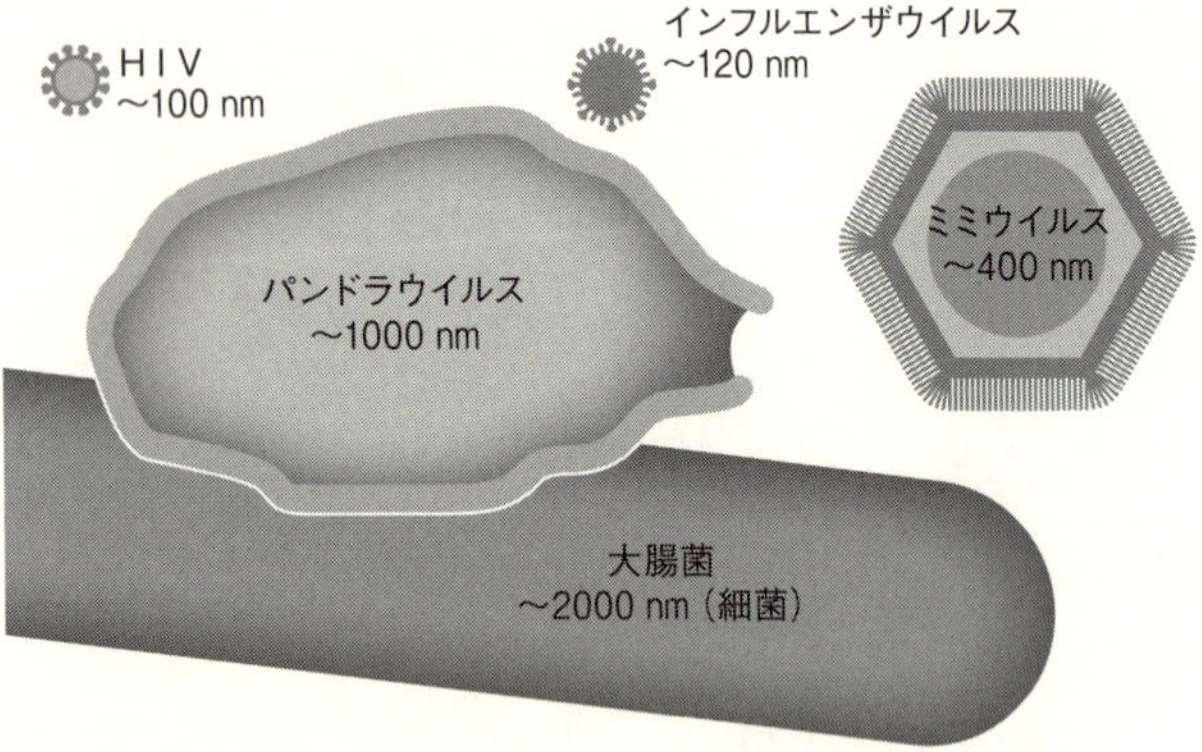

図42　パンドラウイルスと他のウイルスや大腸菌とのサイズの比較

るエンベロープに包まれていたが、キャプシドにも外側のエンベロープにも一部に開口部があるという、これまでのウイルスの常識にはない構造を持つことも明らかになった（図43）。

また、パンドラウイルスは保有していた遺伝子にも際立った特徴があった。まず、ゲノムの大きさであるがパンドラウイルスの代表種 Pandoravirus salinusのゲノムサイズは約247万塩基対、遺伝子数2556個と報告され、それまで知られていた最大のウイルスであるメガウイルス（約126万塩基対、遺伝子数1120個）をいきなり2倍以上、上回った。このパンドラウイルスのゲノムサイズや遺伝子数は、ゲノム退縮が報告されている細胞内共生細菌や一部の寄生性細菌を凌駕することはもちろんのこと、自然生態系で独立して生きている一部の真正細菌や多くの古細菌

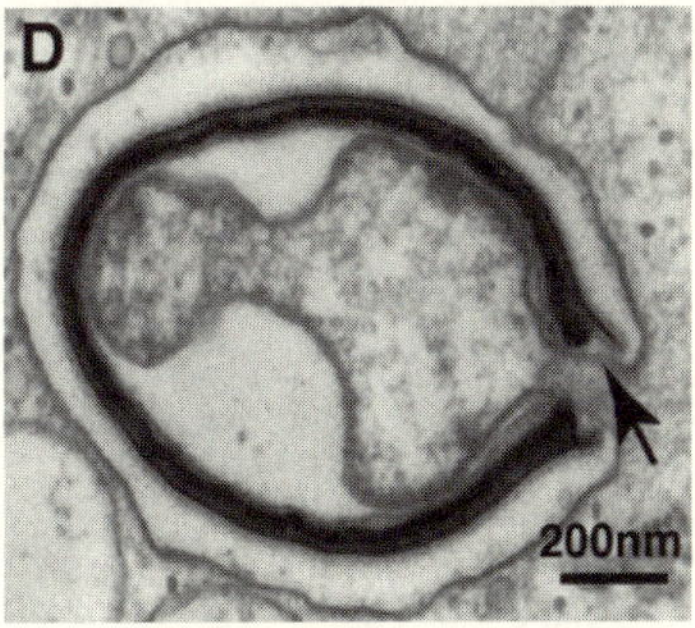

図43　開口部を持ったパンドラウイルスのユニークな粒子構造
Philippe et al. (2013) より引用

よりも大きいものであった。HIVなどのよく知られた通常のウイルスではゲノムサイズが1万塩基対程度で、遺伝子も10個以下というのが常識的な線であり、大きさという意味では、物理的にもゲノム的にも、パンドラウイルスは「細菌」であった。

このウイルスとしての大きさは、ウイルスゲノムの記録を塗り替えたという意味で特筆には値するが、細菌に迫る巨大ウイルスの存在自体は、10年以上も前の2003年にミミウイルスが報告されており、この方面に知識をお持ちの読者の中には、何を今さら、と感じた方もおられたかと思う。しかし、本当に驚きだったのは、パンドラウイルスが保有していたその遺伝子群の構成であった。パンドラウイルスはそれまでに見つかっていた巨大ウイルス群が共通して持つ、DNA複製酵素、RNA合成酵素やヘリカーゼ等の遺伝子も保有していたが、256個もある遺伝子のうち2370個、なんとその93％にも及ぶ遺伝子が、これまでに知られているどんな生物の遺伝子とも有意な類似性がなかったと報告された。これが全ゲノム配列の決定された生物など数えるほどしかなかった2003年ならまだしも、数千を越える真核生物種や数万を越える原核生物種の全ゲノムが解読されようとしている2013年において、保有する遺伝子の93%もの部分が、何の生物とも似ていないような「エイリアン」が存在するとは、一体、どう考えたら良いのだろうか？

クラヴリらはDNA合成酵素やtRNA合成酵素の塩基配列の分子系統解析により、パンドラウイルスを含む巨大ウイルス群が、真核生物、真正細菌、古細菌という生物の主要な分類群である3つのドメインのどれにも属さず、新たな4つめのドメインを構成するという仮説を提唱した。パンドラウイルスがこれまでまったく知られていない新しい「生物」に当たるという主張である。その後の詳細な解析により、パンドラウイルスが持つ遺伝子のうち、他のウイルスが持つ遺伝子と類似性のあるものの多くは、藻類に感染することが知られるPhycodnavirusに起源を持つとされ、その出所の一部は特定されたと言えるが、それでもなお他のどんな生物の持つ遺伝子とも似ていない93%の遺伝子群が一体どのように生まれて来たのか、どんな機能を持っているのか？　これだけの「エイリアン」ぶりを発揮するパンドラウイルスが入ったその箱は、まだやっとその扉が開かれたところである。

生物に限りなく近い巨大ウイルスたち

2003年のミミウイルスに始まる巨大ウイルスたちの発見は、ウイルスは生物か、という科学上の論争を再び巻き起こした。特に第二の巨大ウイルスであるママウイルスが発見された直後の2008年には、発見者らによって生物界を「キャプシドを持つ生物」と「リボソームを持つ生物」に二分すべきという提案が『ネイチャー』の姉妹誌に発表された。事実上、ウイルスを生物にしようという呼びかけである。それがきっかけとなりウイルスを生物とは見なせないという論者とウイルスを生物と考えるべきだという論者が、2009年の同じ『ネイチャー』姉妹誌上で激突することになる。

ここまで論じてきたことの繰り返しになる感は否めないが、その論点の主なものを紹介すると、反対論者の主な主張は、①ウイルスはエネルギー生産といった生命活動に必須の代謝を行わない、②ウイルスは進化するが、それは細胞から独立しては起こらない、③ウイルスには共通した祖先がなく、全体が系統的に進化しているのか疑問である、④ウイルスは、細胞内のプラスミドや転移因子などのただの「分子」と明確な境界がない、⑤巨大ウイルスは一部の代謝系遺伝子を保有しているが、それらは細胞性生物から〝盗まれた〟ものに過ぎない、といったものであった。

一方、賛成論者は、①ウイルスを非生命とするのは古典的な生命観に縛られており、新しい知見を入れて、これからの生命観を作り出そうという姿勢に欠けている、②他の細胞の助けがなければ、自己複製できない生物や細胞は多数知られており、ウイルスだけを除外する理由はない、③ウイルス粒子は、細菌の芽胞や卵子のようなものであり〝環境〟が与えられれば、生命活動を行う「生物」と考えることが出来る、④巨大ウイルスの遺伝子が、細胞性生物から〝盗まれた〟とするのは誤りであり、そのほとんどが細胞性生物の持つ遺伝子と類似性がない、⑤ウイルスを一まとめにして議論するのではなく、ミミウイルスのような巨大ウイルスは、通常のウイルスから分けて〝girus〟という新しい生物群とすることが提案できる、⑥単純なウイルスから巨大ウイルスまで、共通して保有する遺伝子群があり、ウイルスも系統的に進化してきた可能性がある、といった反論を挙げた。

前章まで彼らが挙げた論点を含め、ウイルスが生命かどうかと理屈をこねて論じてきたが、パンドラウイルスのようなこれまでのウイルスの範疇(はんちゅう)に収まらない存在が発見されることの方が、シンプルにインパクトがある。論より証拠である。実際、遺伝子を2000個以上も持って自己複製し、進化していく存在をただの「物質」とするのは、いささか違和感がある読者も多いのではないかと思う。元々生物を意味するorganismという言葉は、organize（組織する）やorganization（組織）といった言葉と語源を共有しており、各部分が連携して組織化されて機能を果たすものというニュアンスが含まれている。2000個以上の遺伝子をもし本当に組織化して自己複製しているのなら、その存在はどう考えてもorganismのように思えてしまう。

ウイルスはより速く、より効率的に増殖するために、ゲノムを単純化させコンパクトにする方向で進化してきたと考えられていたが、パンドラウイルスのようなジャイアントウイルスを見れば、決してそのような一方向の進化ではなく、彼らは驚くべき速度で遺伝子を溜めこみ、「生物」へと近づいている様にも見える。この文脈で特に興味深いのは、パンドラウイルスと近縁の巨大ウイルスPhycodnavirusに属するクロロウイルスである。クロロウイルスはクロレラなどの緑藻に感染するウイルスであるが、これらのウイルスではそのゲノムにたくさんの膜輸送タンパク質(イオンチャンネル等を含む)がコードされていることが近年、明らかとなった。膜輸送タンパク質は膜をまたぐ物質輸送を可能とする装置であり、必要なものを取り入れ不要なものを排出するといった、細胞、すなわち自分の「部屋」を快適な環境に整えるための主要な道具である。現在、クロロウイルスの膜輸送タンパク質は、宿主に感染するための「武器」だと考えられているようであるが、クロロウイルスはキャプシド内に膜構造を持っており、そこで膜輸送タンパク質が機能を始めれば、部屋の内外で環境を変えるという、いわゆる「細胞膜」としての機能が始まることになる。ウイルスは「進化のロジック」を内包した装置を保有しており、様々に変化し得る存在である。すでに遺伝子と膜構造があるのだから、そういった「ウイルスが細胞膜を持つ」方向への進化が今後起こっていく可能性も、決して絵空事とは言えないだろう。10億年後はおろか、1億年後には本当にウイルスに起源を持つ〝細胞性〟生物が誕生しているかも知れないのだ。

また、現時点で考えても、例えば第5章で紹介した昆虫の共生細菌であるカルソネラは、恐ろしく単純化された細菌＝生物であり、そのゲノムサイズは約16万塩基対、遺伝子が182個と報告されている。パンドラウイルスの10分の1以下しかないゲノムサイズと遺伝子数である。保有する遺伝子の数が10倍違うというのは、高等動物と単純な古細菌くらいの差であり、複雑さという意味では、恐らくパンドラウイルスの方がカルソネラより勝っている可能性があるだろう。カルソネラのような細胞内共生細菌、あるいはファイトプラズマのような細胞内寄生細菌は、宿主細胞がなければ自己複製できない存在であり、その意味で言えばウイルスと何も変わらない。そんなカルソネラが生物であり、パンドラウイルスが生物でない、という「生命の定義」には、何か重大な欠陥があるとしか私には思えない。

科学は進歩・発展していくものであり、こういった新しい知見を入れて「生命とは何か」をもう一度考えてみようという提案は力強いものである。もちろんゲノムが極端に退縮しているカルソネラでも、伝統的な生物としての特徴である細胞膜に包まれた細胞構造を保有しており、これらを持たない巨大ウイルスたちと一線を画している面があるのは事実であろう。しかし、生命というものを、そういった古典的な枠組みの中からだけ見ていて本当に良いのか、というのはこれからの議論なのである。パンドラウイルスの発見は、そういった新しいウイルス観、新しい生命観への扉を開いた出来事であったと言えるだろう。

そして生命の輪

1960年代にNASAのジェームズ・ラブロックによって有名な「ガイア仮説」が提唱される。そこでは地球があたかもひとつの生命体のように自己調節システムを備えているとされ、その「生命体」をギリシャ神話の大地の女神「ガイア」にちなんで、そう呼んだのだ。この「生命」の単位を地球全体にまで拡大するロマンチシズムに溢れる仮説の是非は置くとしても、我々が常日頃、自明のものと考えている「一個の生物」とは一体何だろう？　ということはよく考える。本書の最後に、ウイルスが生命なのかという問題と合わせて、このことを考えてみたい。

我々ヒトのような高等動物にとっては、生命の単位としての「個体」は非常にイメージしやすい。個体の特徴としては、①物理的に一つながりとなっている。②それを構成する細胞が同一のDNA情報を持っている（自己増殖の単位）。③一つの中枢神経系（脳情報）により全体が統合されている、といったことが要素として挙げられる。高等動物（特にヒト）に限って言えば、この3要素がほとんどの場合、同時に満たされるため（シャム双生児のような例外はあるが）、「個体」という概念がこの世に存在することに疑念を持つことは少ない。

しかし、これを一般の生物に拡大した場合には、「個体」という概念が本当にあるのか、よく分からなくなるような状況が広がっている。例えば、植物の場合を考えてみよう。植物は多細胞生物であり、我々の感覚からすれば、一つの株が「個体」と考えられる。しかし、そこから一部を物理的に切り離して、挿し木のように別株とすることは簡単であり、それまで「自己」であった一部が簡単に別株になってしまう。しかし、それらは遺伝的にはまったく同じ情報を持っており、たとえば挿し木の元となった植物が枯れてしまった場合、その個体はこの世からなくなってしまったのか、挿し木した植物がまだ生きているから、生きていると考えるべきなのだろうか？　また逆に接ぎ木の場合、異なったDNA情報を持つ異種の「別個体」を接いで同一株とすることが可能である。接ぎ木されても異なった遺伝情報を持つ違うパーツから成っていれば、それは別個体と考えるべきなのか、接ぎ木をした瞬間、一つの個体となったと考えるべきなのか、よく分からない。

さらに例を挙げるなら、植物には異質倍数体という現象があり、これはたとえて言うなら、核の中に「他者」が同居している状態である。たとえばハクランという異質四倍体植物があるが、これはハクサイ（染色体20本）とキャベツ（染色体18本）という二つの植物が融合したものであり、染色体数は二つを足した38本となっている。これらが一つの核に収まり一つの植物個体となっている。一人でもハクサイ、あるいはキャベツとして生きられるものが、一つの細胞に同居しているのである。つまり一つの個体が、二つの生物種のDNA情報によって成り立っているという、どこか感覚的に違和感のある現象である。

細菌や真菌といった微生物も、植物と状況はほぼ同じであり、多細胞化している微生物の個体から一部を取り出した場合には、簡単に「別個体」として再生する。その場合、分けた二つの「個体」の同一性をどう考えるか、という問題がつきまとう。こう考えていくと、「個体」という概念が成立するのは高等動物に特有の現象ではないのか？　とさえ思えてくる。

ただ、高等動物であっても「生命の単位」の問題から完全に自由な訳ではない。たとえば2006年のサイエンス誌に、ヒトの腸内に生息する細菌の詳細な解析結果が報告され、そこには10兆から100兆個もの細菌が存在することが明らかになった。それらの腸内細菌が持つ遺伝子の数は、ヒトゲノムにある遺伝子数の少なくとも100倍以上になると推定された。そういった多量に存在する腸内細菌の力（遺伝情報）を借りて、ヒトは本来、自分自身では保有していない代謝系によるアミノ酸、多糖類、ビタミンやテルペノイドなどの代謝物を作り出すことを可能としている。この問題はウマやウシなどの草食動物ではより顕著である。彼らは植物を主食とするにもかかわらず、その主要成分であるセルロースを分解するセルラーゼを持たない。セルロースの分解は消化管内の共生微生物が担っており、彼らはそういった微生物の存在、すなわち彼らの持つ遺伝情報の存在なしには、当然生きていけない。このような場合、草食動物の存在には腸内細菌が不可欠になっており、草食動物は腸内細菌がいなければ「単位」として成立していないようにも思える。

私たち人間は、自我の意識によって世界を認識している。自分は唯一の存在であり、他人とは違う独立性がある。そういった「個の意識」を自然に持っている。確かに形而上の意識には（恐らく他の動物を含めて）独立性があり、他と境界線を引くことが可能である。それは多分に、脳という組織が他との物理的な交わりに乏しい「個体」に固有のものだからである。しかし、形而下の生物としてのヒトは、形而上の「個の意識」と同じ程度には他から独立していない。上述したように我々の体の中には、もの凄い数の腸内細菌がおり、その助けを借りて生きているし、体表の皮膚の上にも一兆個とも言われている常在菌がいる。各細胞の中には、その昔、独立した細菌であったミトコンドリアがいて、ゲノムDNAの半分はウイルスや転移因子等である。そこに他者と切り離した「自己」のような「純度」を求めるのは我々側の特殊性であり、生命に独立性を持ち得るものがあるとしたら、それは「我思う、故に我あり」とした我々の「観念」だけではないのかと思う。

恐らく生命は様々なレベルで、様々な強さで生き物同士が、本来、繋がっているものなのだろう。少なくとも物質的には、誰も本当に「独立」などしておらず相互に依存し、進化の中では他の生物との合体や遺伝子の交換を繰り返すようなごった煮の中で、生命は育まれてきた。その生命の存在の様式は、あえて形容するなら、月並みではあるが「生命の輪」とでも言うしかないもののように思える。

40億年ほど前に、あの分子装置（「相補性」を有した複製と変異が可能な分子のこと）の成立と共に始まったであろう「情報の保存と変革」を繰り返す「生命」という現象は、恐らくこの地球上で一つながりのものとして、壮大な時空を超えて今も続いている。大きく異なって見える様々な生物たちの姿は、その原理が環境に応じて姿形を変え、各々の時空でその存在を維持できるように、具現化したものである。その姿を変えた多様性がその現象の存続をより確かなものとしてきた。

そして、ウイルスもその中にいる。ウイルスの姿は、確かに細胞性生物とは少し異なっている。しかし、本書でこれまで述べてきたように、「生命の鼓動」を奏でる存在であり、時に細胞性生物と融合し、時に助け合い、時に対立しながらも、生物進化に大きな彩りを添えてきた。もし、その「生命の輪」が本当に一つの現象であるのなら、ウイルスは疑いもなく、その輪の無くてはならない重要な一員である。

以上が、筆者が「ウイルスは生きている」と思う所以(ゆえん)である。

あとがき

今を遡ること30年くらいにはなろうか。大学の四回生になって、卒業論文でウイルスの研究をすることになった。ウイルス遺伝子の一つに変異を与えて、何が起こるか調べるというテーマで、初めて聞いた時、何だかずいぶんとちっちゃい話だな、と思ったことを覚えている。先生の授業が面白かったからという単純な理由で研究室を選んだ私は、ウイルスに特段の興味があった訳でもなく、そもそもウイルスって、一体何なのか、明確なイメージさえ、当時持ち合わせていなかった。お恥ずかしい話である。

私の研究材料は、カリフラワーモザイクウイルスという、アブラナ科植物に病気を起こす二本鎖ＤＮＡウイルスだった。植物のウイルス感染実験と言えば、ウイルス粒子を植物細胞に入れるようなことを想像するが、このウイルスは、そのＤＮＡだけで病気を起こすことが出来た。つまり元々のウイルスとは直接関係のない、たとえば大腸菌で作らせたＤＮＡ、そんなウイルスの配列を持った〝ただのＤＮＡ溶液〟を、少し傷をつけた葉っぱに滴下してゴシゴシとやる。そうすると植物が病気になる。これには驚いた。

しかし、何より驚いたのは、その「ウイルスDNA」を、たとえばたった1塩基、変異させただけで、感染しなくなるということだった。元の「ウイルスDNA」は、葉っぱでゴシゴシとやると、植物細胞で増殖し、子孫ウイルスを山のように生み出し、植物全体を病気にしてしまう。その姿は、実感としては〝生き物〟以外の何者でもない。しかし、そのDNAの暗号をわずか一つ変化させただけで、それを葉っぱでゴシゴシやっても何も起こらなくなる。それは正真正銘〝ただの物質〟である。どこかの会社がサプリとして売っている健康食品の「DNA」と同じなのだ。

なんて、面白いんだ。

そう思った。僕が見ているこの現象は、一体何なんだ？　〝生き物〟と〝ただの物質〟の差が、DNAのたった1塩基の違い？　そんなことって、あるだろうか？
それは、この世界における〝ウイルス〟という存在の有り様に、私が心から興味を持った瞬間だった。〝ウイルスの世界〟との出会いだった。

そんなウイルスが「生きている」のか？　教科書では「ウイルスは生物ではない」、そう教えられる。しかし、実際にウイルスを身近に扱うようになると、それは「生きている」としか思えないものだった。私の専門は植物病理学という研究分野であるが、たとえば細菌によって起こる病気も、ウイルスによって起こる病気も、基本的には同じ生物現象にしか思えない。病原体が、植物に何らかの方法で侵入すれば、植物の方はどうにかして病原体を撃退しようとする。しかし、病原体はそれを巧妙にかいくぐって増殖し、子孫を増やしていく。その過程で、病徴が現れ、増えた病原体の子孫は、何らかの方法で植物から出ていき、また新たな感染を繰り返す。また植物は、病原体から身を守るために、抵抗性遺伝子を進化の中で生み出していくが、それに対抗できるように病原体も進化して遺伝子が変化していく。このような動的な「宿主と病原体の戦い」の構図の中で、ウイルスは〝生物〟である細菌と何一つ変わらない振る舞いをする。そんなウイルスを「生物ではない」とする定義は、何かおかしい。そう感じるようになっていったのは、自分にとってごく自然なことだった。

何をもって「生きている」とするのか。この問題を複雑にしている要因の一つは、我々人間が実は異なった二つの「生」を生きており、それらを峻別せずに考えがちな点にあるように思う。その二つの「生」とはすなわち、DNA情報からなる生物「ヒト」としての

「生」と、脳情報からなる人格を有した「人」としての「生」のことである。たとえば、こんなことを考えてみよう。ある成年男性が不慮の交通事故にあい、心臓が止まり、脳波が検出されなくなれば、その人は亡くなったと判断される。しかし、その男性からすぐに精子を取り出し冷凍すれば、その精子には受精能が残っているケースは多分にあり得る。冷凍保存した精子は、その人が亡くなった後でも、配偶者に人工授精すれば子供が生まれることは言うまでもなく、たとえば数十年後に誰だか分からない女性に人工授精しても、恐らく子供が生まれてくる。微生物なら自己細胞のDNA情報を後代に引き渡す能力が残っていれば、それは「生きている」と判断されるが、その意味では細胞としての精子はその人が亡くなった後でも、まぎれもなく「生きて」おり、そこから子供が生まれて来るのだ。それは「ヒト」としては生きていても、「人」としては亡くなっている、とでも表現され得る奇妙な状態である。「ヒトとしての生」と「人としての生」は、このように密接に関連し交錯しながらも、実は少し別のものである。

不遜の誹り（そし）を受けることになるかも知れないが、多くの生物（ウイルスを含めて）は、このうち「ヒトとしての生」、すなわちDNA情報による「生」しか持たないように思える。逆に言えばそれが「生命という現象」に関与する、恐らくすべての存在が共通して持つ基盤であり、生命の誕生から現在に至るまで脈々と受け継がれてきた「生」でもある。もし、生命という大河があるのなら、その本流だ。本書で述べたそれを支える「からくり」は、基本的に物質的／機械的なものであり、結晶化するウイルスは、その象徴でもある。

一方、「人としての生」は、生命の歴史の中で二次的に発生した、恐らく一部の生物だけが持つ特殊な「生」である。それは確実に後代へと受け渡される仕組みを持つＤＮＡ情報とは違い、どこから来て、どこに行くのか、何か伝わっていく術があるのかすら定かでない。もしかしたらそれは、いずれ消えさる運命（さだめ）を持ったもの、たとえて言うなら、生命という大河の流れに浮かぶ小舟の上で見る夢、そんなものなのかも知れない。

しかし、その大河に漂う「夢」の中で、僕達は「生きている」。手と手を繋いだ時に感じる温もり。思いのたけを、力の限りを、ぶつけたその瞬間。悲嘆にくれた暗闇。そして、言えなかったあの想い。そんなこの世に彩りを織りなす「生きている」という手触りが、人の生の輝きであり、それは物質や機械であることから、遠く離れた所にある。それは夢なのか、それとも現（うつつ）なのか？　その狭間（はざま）でたゆたう「生」である。

ウイルスはその「夢」を見ない。その姿は、確かに我々の「生」とは異質なものに映るかも知れない。しかし、僕は忘れて欲しくないのだ。時に争い、時に離れ、そして時に交わりながらも、ウイルスも人も、あの遥かなる悠久の大河を、共に流れゆく仲間なのである。

本書の出版に際して、今回も多くの方々からのお力添えを頂いた。神戸大学・前藤薫先生、京都大学・三瀬和之先生、東京大学・小島健司先生には、お忙しい中、査読の労を執って頂き、多くの指摘を頂いた。法政大学・月井雄二先生、神戸大学・杉浦真治先生には、素晴らしい写真を本書で使用することを許可頂いた。また、各章扉を飾る素敵なイラストは、前著『生命のからくり』に続きイラストレーターの織田紫乃さんに描いて頂いた。この場を借りて、お世話になった諸兄姉に改めて御礼申し上げたい。

また、本書の担当は前著に続き、髙月順一学芸部次長に務めて頂いた。もう二度と縦書きの本を書くことはないだろうと思っていた私に、再び執筆の機会を与えて頂き、本書の企画段階から校了に至るまで、絶え間ない励ましと、様々なご示唆・ご助言を頂いた。ここに心より感謝申し上げたい。

２０１６年2月

中屋敷均

参考文献

序章

『史上最悪のインフルエンザ―忘れられたパンデミック』アルフレッド・W・クロスビー（著）、西村秀一（訳）、みすず書房（2004）

『グレート・インフルエンザ』ジョンバリー（著）、平澤正夫（訳）、共同通信社（2005）

『四千万人を殺したインフルエンザ―スペイン風邪の正体を追って』ピート・デイヴィス（著）、高橋健次（訳）、文藝春秋（1999）

『インフルエンザ パンデミック―新型ウイルスの謎に迫る』河岡義裕、堀本研子（著）、講談社（1999）

Ellis J, Cox M (2001) The World War I Databook: The essential facts and figures for all the combatants. Aurum Press.

Johnson NP, Mueller J (2002) Updating the accounts: global mortality of the 1918-1920 "Spanish" influenza pandemic. Bull. Hist. Med. 76: 105-115.

Kerr PJ, Best SM (1998) Myxoma virus in rabbits. Rev. Sci. Tech. 17: 256-268.

Kerr PJ, Ghedin E, DePasse JV, Fitch A, Cattadori IM, Hudson PJ, Tscharke DC, Read AF, Holmes EC (2012) Evolutionary history and attenuation of myxoma virus on two continents. PLoS Pathog. 8: e1002950.

Kobasa D, Jones SM, Shinya K *et al.* (2007) Aberrant innate immune response in lethal infection of macaques with the 1918 influenza virus. Nature 445: 319-323.

Leroy EM, Kumulungui B, Pourrut X *et al.* (2005) Fruit bats as reservoirs of Ebola virus. Nature 438: 575-576.

Reid AH, Fanning TG, Hultin JV, Taubenberger JK (1999) Origin and evolution of the 1918 "Spanish" influenza virus hemagglutinin gene. Proc. Natl. Acad. Sci. USA. 96:1651-1656.

Ross J (1982) Myxomatosis: the natural evolution of the disease. In: Animal Disease in Relation to Animal Conservation (Edwards MA and McDonnell U eds.) pp.77-95. Academic Press.

Swanepoel R, Leman PA, Burt FJ, Zachariades NA, Braack LE, Ksiazek TG, Rollin PE, Zaki SR, Peters CJ (1996) Experimental inoculation of plants and animals with Ebola virus. Emerg. Infect. Dis. 2: 321-325.

Tumpey TM, Basler CF, Aguilar PV *et al.* (2005) Characterization of the reconstructed 1918 Spanish influenza pandemic virus. Science 310: 77-80.

Taubenberger JK, Reid AH, Krafft AE, Bijwaard KE, Fanning TG (1997) Initial genetic characterization of the 1918 "Spanish" influenza virus. Science 275: 1793-1796.

Taubenberger JK, Morens DM (2006) 1918 influenza: the mother of all pandemics. Emerg. Infect. Dis. 12: 15-22.

第一章

『タバコモザイクウイルス研究の100年』岡田吉美（著）、東京大学出版会（2004）

Bawden FC, Pirie NW, Bernal JD, Fankuchen I (1936) Liquid crystalline substances from virus-infected plants. Nature 138: 1051-1052.

Beijerinck MW (1898) Over een contagium vivum fluidum als oorzaak van de vlekziekte der tabaksbladen. Versl. Gew. Verg. Wissen. Natuurk. Afd. K. Akad. Wet. Amsterdam 7: 229-235.

Chung KT, Ferris DH (1996) Martinus Willem Beijerinck (1851-1931) — Pioneer of general microbiology. ASM News. 62: 539-543.

Gierer A, Schramm G (1956) Infectivity of ribonucleic acid from tobacco mosaic virus. Nature 177: 702-703.

Iwanowski D (1892) Über die Mosaikkrankheit der Tabakspflanze. St Petersb. Acad. Imp. Sci. Bull. 35: 67-70.

Knight CA (1974) Molecular Virology. McGraw-Hill Inc.

Loeffler F, Frosch P (1898) Berichte der Kommission zur Erforschung der Maul- und Klauenseuche bei dem Institut für Infektionskrankheiten in Berlin. Zbl. Bakter. Abt. I. Orig. 23:371-391.

Payen A, Persoz JF (1833) Memoir on diastase, the principal products of its reactions, and their applications to the industrial arts. Annales de Chimie et de Physique 53: 73-92.

Stanley WM (1935) Isolation of a crystalline protein possessing the properties of tobacco mosaic virus. Science 81: 644-645.

Sumner JB (1926) The isolation and crystallization of the enzyme urease. J.Biol. Chem. 69: 435-441.

第二章

Aiewsakun P, Katzourakis A (2015) Endogenous viruses: connecting recent and ancient viral evolution. Virology 479-480: 26-37.

Bao W, Kapitonov VV, Jurka J (2010) Ginger DNA transposons in eukaryotes and their evolutionary relationships with long terminal repeat retrotransposons. Mob. DNA 1: 3.

Comfort NC (2001) From controlling elements to transposons: Barbara McClintock and the Nobel Prize. Trends Biochem. Sci. 26: 454-457.

Dolja VV, Koonin EV (2012) Capsid-Less RNA Viruses. In: Encyclopedia of Life Sciences. John Wiley & Sons, Ltd.

Horie M, Honda T, Suzuki Y *et al.* (2010) Endogenous non-retroviral RNA virus elements in mammalian genomes. Nature 463: 84-87.

Koonin EV, Dolja VV (2012) Expanding networks of RNA virus evolution. BMC Biol. 10: 54.

Malik HS, Henikoff S, Eickbush TH (2000) Poised for contagion: evolutionary origins of the infectious abilities of invertebrate retroviruses. Genome Res. 10: 1307-1318.

McCarthy EM, McDonald JF (2004) Long terminal repeat retrotransposons of Mus musculus. Genome Biol. 5: R14.

McClintock B (1950) The origin and behavior of mutable loci in maize. Proc. Natl. Acad. Sci. USA. 36: 344-355.

McClintock B (1948) Mutable loci in maize. Carnegie Institution of Washington Year Book 47: 155-169.

Nash J (1999) Freaks of nature: Images of Barbara McClintock. Stud. Hist. Phil. Biol. & Biomed. Sci. 30: 21-43.

Ribet D, Harper F, Dupressoir A, Dewannieux M, Pierron G, Heidmann T (2008) An infectious progenitor for the murine IAP retrotransposon: emergence of an intracellular genetic parasite from an ancient retrovirus. Genome Res. 18: 597-609.

Yutin N, Raoult D, Koonin EV (2013) Virophages, polintons, and transpovirons: a complex evolutionary network of diverse selfish genetic elements with different reproduction strategies. Virol J. 10: 158.

第三章

Barton ES, White DW, Cathelyn JS, Brett-McClellan KA, Engle M, Diamond MS, Miller VL, Virgin HW (2007) Herpesvirus latency confers symbiotic protection from bacterial infection. Nature 447: 326-329.

Best S, Le Tissier P, Towers G, Stoye JP (1996) Positional cloning of the mouse retrovirus restriction gene Fv1. Nature 382: 826-829.

Bézier A, Annaheim M, Herbinière J *et al.* (2009) Polydnaviruses of braconid wasps derive from an ancestral nudivirus. Science 323: 926-930.

Bitra K, Suderman RJ, Strand MR (2012) Polydnavirus Ank proteins bind NF-κB homodimers and inhibit processing of Relish. PLoS Pathog. 8: e1002722.

Gueguen G, Kalamarz ME, Ramroop J, Uribe J, Govind S (2013) Polydnaviral ankyrin proteins aid parasitic wasp survival by coordinate and selective inhibition of hematopoietic and immune NF-kappa B signaling in insect hosts. PLoS Pathog. 9: e1003580.

Herniou EA, Huguet E, Thézé J, Bézier A, Periquet G, Drezen JM (2013) When parasitic wasps hijacked viruses: genomic and functional evolution of polydnaviruses. Philos. Trans. R. Soc. Lond. B. Biol. Sci. 368: 20130051.

Ikeda H, Sugimura H (1989) Fv-4 resistance gene: a truncated endogenous murine leukemia virus with ecotropic interference properties. J. Virol. 63: 5405-5412.

Márquez LM, Redman RS, Rodriguez RJ, Roossinck MJ (2007) A virus in a fungus in a plant: three-way symbiosis required for thermal tolerance. Science 315: 513-515.

Nakamatsu Y, Tanaka T, Harvey, JA (2006) The mechanism of the emergence of

Cotesia kariyai (Hymenoptera: Braconidae) larvae from the host. Eur. J. Entomol. 103: 355-360.

Nakamatsu Y, Tanaka T, Harvey JA (2007) Cotesia kariyai larvae need an anchor to emerge from the host *Pseudaletia separata*. Arch. Insect Biochem. Physiol. 66: 1-8.

Strand MR, Burke GR (2013) Polydnavirus-wasp associations: evolution, genome organization, and function. Curr. Opin. Virol. 3: 587-594.

Takasuka K, Yasui T, Ishigami T, Nakata K, Matsumoto R, Ikeda K, Maeto K (2015) Host manipulation by an ichneumonid spider ectoparasitoid that takes advantage of preprogrammed web-building behaviour for its cocoon protection. J. Exp. Biol. 218: 2326-2332.

Weldon SR, Strand MR, Oliver KM (2013) Phage loss and the breakdown of a defensive symbiosis in aphids. Proc. R. Soc. B. 280: 20122103.

第四章

『ウイルス進化論—ダーウィン進化論を超えて』中原英臣、佐川峻（著）、早川書房（1996）

『エンベロープウイルスの宿主細胞への侵入過程』宮内浩典（著）、ウイルス59: 205-214.（2009）

Bejerano G, Lowe CB, Ahituv N, King B, Siepel A, Salama SR, Rubin EM, Kent WJ, Haussler D (2006) A distal enhancer and an ultraconserved exon are derived from a novel retroposon. Nature 441: 87-90.

Doolittle WF (1999) Phylogenetic classification and the universal tree. Science 284: 2124-2129.

Dupressoir A, Vernochet C, Bawa O, Harper F, Pierron G, Opolon P, Heidmann T (2009) Syncytin-A knockout mice demonstrate the critical role in placentation of a fusogenic, endogenous retrovirus-derived, envelope gene. Proc. Natl. Acad. Sci. USA. 106: 12127-12132.

Field CB, Behrenfeld MJ, Randerson JT, Falkowski P (1998) Primary production of the biosphere: integrating terrestrial and oceanic components. Science 281: 237-240.

Fugmann SD, Messier C, Novack LA, Cameron RA, Rast JP (2006) An ancient evolutionary origin of the Rag1/2 gene locus. Proc. Natl. Acad. Sci. USA. 103: 3728-3733.

Hayashi T, Makino K, Ohnishi M *et al*. (2001) Complete genome sequence of enterohemorrhagic *Escherichia coli* O157:H7 and genomic comparison with a laboratory strain K-12. DNA Res. 8: 11-22.

Jones JM, Gellert M (2004) The taming of a transposon: V(D)J recombination and the immune system. Immunol. Rev. 200: 233-248.

Kapitonov VV, Jurka J (2005) RAG1 core and V(D)J recombination signal sequences were derived from Transib transposons. PLoS Biol. 3: e181.

Kapitonov VV, Koonin EV (2015) Evolution of the RAG1-RAG2 locus: both proteins came from the same transposon. Biol. Direct. 10: 20.

Karaolis DK, Somara S, Maneval DR Jr, Johnson JA, Kaper JB (1999) A bacteriophage encoding a pathogenicity island, a type-IV pilus and a phage receptor in cholera bacteria. Nature 399: 375-379.

Lang AS, Beatty JT (2000) Genetic analysis of a bacterial genetic exchange element: the gene transfer agent of *Rhodobacter capsulatus*. Proc. Natl. Acad. Sci. USA. 97: 859-864.

Lang AS, Zhaxybayeva O, Beatty JT. (2012) Gene transfer agents: phage-like elements of genetic exchange. Nat. Rev. Microbiol. 10: 472-482.

Lindell D, Jaffe JD, Johnson ZI, Church GM, Chisholm SW (2005) Photosynthesis genes in marine viruses yield proteins during host infection. Nature 438: 86-89.

Mangeney M, Renard M, Schlecht-Louf G *et al.* (2007) Placental syncytins: Genetic disjunction between the fusogenic and immunosuppressive activity of retroviral envelope proteins. Proc. Natl. Acad. Sci. USA. 104: 20534-20539.

Marrs B (1974) Genetic recombination in *Rhodopseudomonas capsulata*. Proc. Natl. Acad. Sci. USA. 71: 971-973.

McDaniel LD, Young E, Delaney J, Ruhnau F, Ritchie KB, Paul JH (2010) High frequency of horizontal gene transfer in the oceans. Science 330: 50.

Mi S, Lee X, Li X *et al.* (2000) Syncytin is a captive retroviral envelope protein involved in human placental morphogenesis. Nature 403: 785-789.

Millard AD, Zwirglmaier K, Downey MJ, Mann NH, Scanlan DJ (2009) Comparative genomics of marine cyanomyoviruses reveals the widespread occurrence of Synechococcus host genes localized to a hyperplastic region: implications for mechanisms of cyanophage evolution. Environ. Microbiol. 11: 2370-2387.

Morono Y, Terada T, Nishizawa M, Ito M, Hillion F, Takahata N, Sano Y, Inagaki F (2011) Carbon and nitrogen assimilation in deep subseafloor microbial cells. Proc. Natl. Acad. Sci. USA. 108: 18295-18300.

Nakamura Y, Itoh T, Matsuda H, Gojobori T (2004) Biased biological functions of horizontally transferred genes in prokaryotic genomes. Nat. Genet. 36: 760-766.

Nakaya Y, Koshi K, Nakagawa S, Hashizume K, Miyazawa T (2013) Fematrin-1 is involved in fetomaternal cell-to-cell fusion in Bovinae placenta and has contributed to diversity of ruminant placentation. J. Virol. 87: 10563-10572.

Ono R, Nakamura K, Inoue K *et al.* (2006) Deletion of Peg10, an imprinted gene acquired from a retrotransposon, causes early embryonic lethality. Nat. Genet. 38: 101-106.

Perna NT, Plunkett G, Burland V *et al.* (2001) Genome sequence of enterohaemorrhagic *Escherichia coli* O157:H7. Nature 409: 529-533.

Popa O, Dagan T (2011) Trends and barriers to lateral gene transfer in prokaryotes.

Curr. Opin. Microbiol. 14: 615-623.

Rohwer F, Thurber RV (2009) Viruses manipulate the marine environment. Nature 459: 207-212.

Sasaki T, Nishihara H, Hirakawa M *et al*. (2008) Possible involvement of SINEs in mammalian-specific brain formation. Proc. Natl. Acad. Sci. USA. 105: 4220-4225.

Sekita Y, Wagatsuma H, Nakamura K *et al*. (2008) Role of retrotransposon-derived imprinted gene, Rtl1, in the feto-maternal interface of mouse placenta. Nat. Genet. 40: 243-248.

Sharon I, Alperovitch A, Rohwer F *et al*. (2009) Photosystem I gene cassettes are present in marine virus genomes. Nature 461: 258-262

Sullivan MB, Lindell D, Lee JA, Thompson LR, Bielawski JP, Chisholm SW (2006) Prevalence and evolution of core photosystem II genes in marine cyanobacterial viruses and their hosts. PLoS Biol. 4: e234.

Sundaram V, Cheng Y, Ma Z, Li D, Xing X, Edge P, Snyder MP, Wang T (2014) Widespread contribution of transposable elements to the innovation of gene regulatory networks. Genome Res. 24: 1963-1976.

Suttle CA (2005) Viruses in the sea. Nature 437: 356-361.

Suttle CA (2007) Marine viruses — major players in the global ecosystem. Nat. Rev. Microbiol. 5: 801-812.

第五章

『利己的な遺伝子』リチャード・ドーキンス（著）、日高敏隆・岸由二・羽田節子・垂水雄二（訳）、紀伊國屋書店（1991）

Bianconi E, Piovesan A, Facchin F *et al*. (2013) An estimation of the number of cells in the human body. Ann. Hum. Biol. 40: 463-471.

Ellington AD, Szostak JW (1990) In vitro selection of RNA molecules that bind specific ligands. Nature 346: 818-822.

Huber JA, Mark Welch DB, Morrison HG, Huse SM, Neal PR, Butterfield DA, Sogin ML (2007) Microbial population structures in the deep marine biosphere. Science 318: 97-100.

Lipp JS, Morono Y, Inagaki F, Hinrichs KU (2008) Significant contribution of Archaea to extant biomass in marine subsurface sediments. Nature 454: 991-994.

Mansy SS, Schrum JP, Krishnamurthy M, Tobé S, Treco DA, Szostak JW. (2008) Template-directed synthesis of a genetic polymer in a model protocell. Nature 454: 122-125.

Morono Y, Terada T, Nishizawa M, Ito M, Hillion F, Takahata N, Sano Y, Inagaki F (2011) Carbon and nitrogen assimilation in deep subseafloor microbial cells. Proc. Natl. Acad. Sci. USA. 108: 18295-18300.

Oshima K, Maejima K, Namba S (2013) Genomic and evolutionary aspects of phytoplasmas. Front. Microbiol. 4: 230.

Oshima K, Kakizawa S, Nishigawa H *et al.* (2004) Reductive evolution suggested from the complete genome sequence of a plant-pathogenic phytoplasma. Nat. Genet. 36: 27-29.

Parkes RJ, Cragg BA, Bale SJ *et al.* (1994) Deep bacterial biosphere in Pacific Ocean sediments. Nature 371: 410-413.

Tamames J, Gil R, Latorre A, Peretó J, Silva FJ, Moya A (2007) The frontier between cell and organelle: genome analysis of Candidatus *Carsonella ruddii*. BMC Evol. Biol. 7:181.

Thiel G, Greiner T, Dunigan DD, Moroni A, Van Etten JL (2015) Large dsDNA chloroviruses encode diverse membrane transport proteins. Virology 479-480: 38-45.

Wächtershäuser G. (1988) Before enzymes and templates: theory of surface metabolism. Microbiol. Rev. 52: 452-484.

終章

『巨大ウイルスと第４のドメイン――生命進化論のパラダイムシフト』武村政春（著）、講談社（2015）

『はい培養によるBrassica属のcゲノム（かんらん類）とaゲノム（はくさい類）との種間雑種育成について』西貞夫、川田穣一、戸田幹彦（著）、育種学雑誌 8: 215-222.（1959）

Claverie JM, Ogata H (2009) Ten good reasons not to exclude giruses from the evolutionary picture. Nat. Rev. Microbiol. 7: 615

Gill SR, Pop M, Deboy RT *et al.* (2006) Metagenomic analysis of the human distal gut microbiome. Science 312: 1355-1359.

La Scola B, Audic S, Robert C, Jungang L, de Lamballerie X, Drancourt M, Birtles R, Claverie JM, Raoult D (2003) A giant virus in amoebae. Science 299: 2033.

Lovelock JE (1965) A physical basis for life detection experiments. Nature 207: 568-570.

Lovelock JE (1979) Gaia: A New Look at Life on Earth. Oxford University Press.

Ley RE, Hamady M, Lozupone C *et al.* (2008) Evolution of mammals and their gut microbes. Science 320: 1647-1651.

Moreira D, López-García P (2009) Ten reasons to exclude viruses from the tree of life. Nat. Rev. Microbiol. 7: 306-311.

Nakabachi A, Yamashita A, Toh H, Ishikawa H, Dunbar HE, Moran NA, Hattori M. (2006) The 160-kilobase genome of the bacterial endosymbiont Carsonella. Science 314: 267.

Philippe N, Legendre M, Doutre G *et al.* (2013) Pandoraviruses: amoeba viruses with genomes up to 2.5 Mb reaching that of parasitic eukaryotes. Science 341: 281-286.

Popa O, Dagan T (2011) Trends and barriers to lateral gene transfer in prokaryotes. Curr. Opin. Microbiol. 14: 615-623.

Raoult D, Forterre P (2008) Redefining viruses: lessons from Mimivirus. Nat. Rev. Microbiol. 6: 315-319.

Yutin N, Koonin EV (2013) Pandoraviruses are highly derived phycodnaviruses. Biol. Direct.8:25.

講談社現代新書　2359

ウイルスは生きている

二〇一六年三月二〇日第一刷発行　二〇一六年七月六日第三刷発行

著者　中屋敷均

発行者　鈴木哲
発行所　株式会社講談社
東京都文京区音羽二丁目一二―二一　郵便番号一一二―八〇〇一
電話　〇三―五三九五―三五二一　編集（現代新書）
〇三―五三九五―四四一五　販売
〇三―五三九五―三六一五　業務
装幀者　中島英樹
印刷所　大日本印刷株式会社
製本所　株式会社大進堂
定価はカバーに表示してあります　Printed in Japan

N.D.C.491.77　198p　18cm
ISBN978-4-06-288359-7

「講談社現代新書」の刊行にあたって

教養は万人が身をもって養い創造すべきものであって、一部の専門家の占有物として、ただ一方的に人々の手もとに配布され伝達されうるものではありません。

しかし、不幸にしてわが国の現状では、教養の重要な養いとなるべき書物は、ほとんど講壇からの天下りや単なる解説に終始し、知識技術を真剣に希求する青少年・学生・一般民衆の根本的な疑問や興味は、けっして十分に答えられ、解きほぐされ、手引きされることがありません。万人の内奥から発した真正の教養への芽ばえが、こうして放置され、むなしく滅びさる運命にゆだねられているのです。

このことは、中・高校だけで教育をおわる人々の成長をはばんでいるだけでなく、大学に進んだり、インテリと目されたりする人々の精神力の健康さえもむしばみ、わが国の文化の実質をまことに脆弱なものにしています。単なる博識以上の根強い思索力・判断力、および確かな技術にささえられた教養を必要とする日本の将来にとって、これは真剣に憂慮されなければならない事態であるといわなければなりません。

わたしたちの「講談社現代新書」は、この事態の克服を意図して計画されたものです。これによってわたしたちは、講壇からの天下りでもなく、単なる解説書でもない、もっぱら万人の魂に生ずる初発的かつ根本的な問題をとらえ、掘り起こし、手引きし、しかも最新の知識への展望を万人に確立させる書物を、新しく世の中に送り出したいと念願しています。

わたしたちは、創業以来民衆を対象とする啓蒙の仕事に専心してきた講談社にとって、これこそもっともふさわしい課題であり、伝統ある出版社としての義務でもあると考えているのです。

一九六四年四月　野間省一